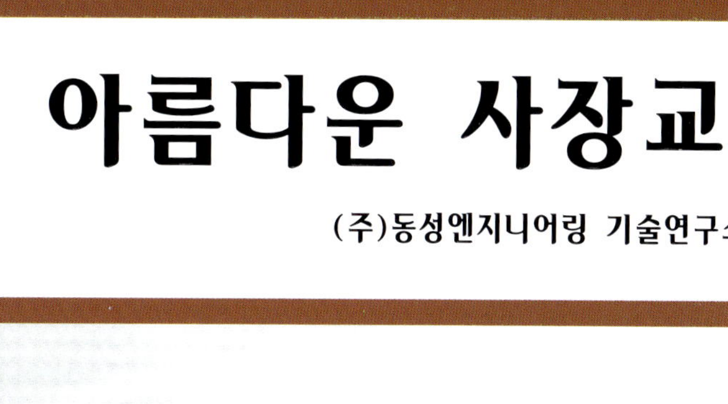

아름다운 사장교

(주)동성엔지니어링 기술연구소

책을 내면서

오늘날 우리나라가 세계의 10대 경제대국으로 성장하게 된 배경에는 우리 건설분야 모든 종사자들의 헌신적이고도 열정적인 땀과 노력의 결실이 일부분을 차지하였다고 감히 자부합니다.

70~80년대 고도 성장기에는 무엇보다 빨리, 싸게 건설되도록 요청되었고 건설종사자들 또한 그렇게 설계·시공되도록 하는데 초점을 맞추어왔습니다. 그러나 90년대 이후부터 오늘날에 들어서는 설계·시공 일괄입찰의 활성화와 국민의식 수준의 향상, 조형미에 대한 관심이 높아짐에 따라 교량의 아름다움과 경관적 중요성이 점차적으로 크게 인식되고 있습니다.

특히, 교량은 그 지역의 상징성 및 랜드마크 기능과 지역간 교류의 장이 되는 등 다양한 기능을 가진 구조물입니다.

따라서, 교량의 형식선정에 있어서 중요하게 고려할 점은 그 지역의 새로운 관광자원이 될 수 있게 함과 더불어 문화와 역사를 배경으로 한 상징성을 나타내어 사람들에게 사랑받고 친근감을 느끼게 할 수 있어야 하며, 또한 복잡한 일상에서 벗어나 쉴 수 있는 공간으로서 추억으로 남기고 싶은 사진의 한 배경이 될만한 볼거리가 될 수 있으면 더욱 좋겠지요.

다양한 형식의 교량중에서도 사장교는 케이블과 거더 및 주탑을 효과적으로 결합시켜 구조적 효율성을 극대화시킨 형식으로서 외관이 수려하고 설계자유도가 많아 교량의 구조형식 선정시에 주변 환경에 조화되게 적용할 수 있습니다.

대규모 사장교의 경우는 구조적 이유로 몇몇 교량을 제외하고는 거의 유사한 형상으로서 웅장한 규모에 비해 그 지역의 상징성을 인식시키기에는 미흡합니다. 그러나 중·소규모 사장교의 경우는 구조적 제한이 덜함에 따라 주탑의 형상, 케이블의 배치 등을 좀 더 자유롭게 하여 주변 환경과의 조화 및 지역적 특성을 반영한 상징성, 랜드마크의 기능을 쉽게 부여할 수 있습니다. 최근에 컴퓨터 및 프로그램의 발전, 시공기술의 향상, 설계사의 많은 전문인력 확보 등으로 사장교 설계가 일반화 되고 있는 추세이므로 앞으로는 좀 더 아름다운 사장교가 건설될 수 있도록 노력하여야 할 것입니다.

본서는 그동안 저희 동성엔지니어링에서 출장시 및 과업수행중 틈틈이 수집한 해외의 중·소규모 사장교 자료를 교량의 개요 및 사진 위주로 편집·정리하였습니다.

내용에 있어 다소 미흡하지만 교량분야에 관심이 있으신 분들에게 다소나마 도움이 되었으면 하는 우리의 열정을 평가해 주시길 바라며 본서에 언급된 교량 설계 관련 회사의 website를 부록에 수록하였으니 사장교의 계획 및 설계에 많은 보탬이 되기를 바랍니다.

2006년 5월

(주)동성엔지니어링 대표이사

박 석 주

목 차

제 1 편 일면 경사주탑 사장교

제 2 편 일면 수직주탑 사장교

제 3 편 A형 경사주탑 사장교

제 4 편 A형, 역Y형 수직주탑 사장교

제 5 편 양면, H형 경사주탑 사장교

제 6 편 양면 수직주탑 사장교

제 7 편 기타 교량

제 1 편 일면 경사주탑 사장교

1- 1. Prince Claus Bridge (네덜란드, 2003)
1- 2. Seri Wawasan Bridge (말레이시아, 2003)
1- 3. Sancho El Mayor Bridge (스페인, 1980)
1- 4. Lerez River Bridge (스페인, 1995)
1- 5. Hachinohe port Bridge (일본, 1997)
1- 6. Ukai Bridge (일본, 2003)
1- 7. Rainha Santa Isabel Bridge (포루투칼, 2003)
1- 8. Millennium Bridge (세르비아, 2005)
1- 9. La Unidad Bridge (멕시코, 2003)
1-10. Himinoe Bridge (일본, 2000)
1-11. Peldar Bridge (콜럼비아, 2003)
1-12. Alamillo Bridge (스페인, 1992)
1-13. Puerto Madero 보도교 (아르헨티나, 2002)
1-14. Sundial 보도교 (미국, 2004)

1-1. Prince Claus Bridge

· Prince Claus교는 네덜란드 중부 위트레흐트(Utrecht) 근처 Papendorpse 간척지의 운하를 횡단하는 총길이 300m, 주경간장 150m, 폭 37m의 단일주탑 비대칭 강사장교이다.

· 상부는 콘크리트 바닥판과 강거더의 합성 구조로서 교축방향에서 보면 상·하행선 교량간의 간격이 4m 이격되어 있어 마치 두 개의 교량으로 구성되어 있는 것처럼 보이나 각 행선당 2개의 종방향 STEEL PLATE 거더에 가로보가 상·하행선을 연결하고 있다.

· 높이 91.7m로서 곡선과 직선이 조합되어 배를 젓는 노 형상의 강재주탑은 측경간측으로 약간 기울어져 있으며, 사재 케이블은 주경간측으로 11줄, 측경간측으로 8줄이 횡단상 교량 양측으로 각각 정착되어 있다.

• 구조형식 : 비대칭 강 사장교	• 가설공법 : 대선가설 켄틸레버 공법
• 교량연장 : 300m, 주경간장 : 150m	• 폭 : 37.0m
• 상부구조 : 강합성 PLATE Gr. 교	• 주탑구조 : 강구조 단일경사주탑 (H=91.7m)
• 위 치 : 네덜란드, Utrecht	• 준공년도 : 2003년

1-2. Seri Wawasan Bridge

· Seri Wawasan교는 주탑이 교량 한쪽 교대측 중앙분리대에 설치된 편측 일면 주탑의 비대칭 프리스트레스트 콘크리트 사장교이다.

· 본 교량은 말레이시아의 새로운 행정수도인 putrajaya의 9개 교량중 한 개 교량으로 Wawasan이란 「비젼」을 의미하며 putrajaya B9교라고도 불리어진다.

· 강·콘크리트 복합구조인 주탑의 높이는 96m이고 주경간측으로 15° 경사져 있으며 곡선형상의 강관구조가 주탑 상단과 연결되어 양측으로 설치, Back stay cable과 구조적으로 역할을 분담하는 것처럼 보이나 실제적으로 조형미를 고려한 일종의 조형성 비구조체이다.

· 교량의 총길이는 240m이고 168.5m의 주경간장을 가지며, 상부구조는 폭 37.2m, 형고 3.5m의 프리스트레스트 콘크리트 BOX 거더 형식이다.

· 사재 케이블은 주탑을 중심으로 Fore stay cable, Back stay cable 모두 양면으로 배치되어 있다.

• 구조형식 : 비대칭 PSC 사장교	• 가설공법 : 가벤트 공법
• 교량연장 : 240m, 주경간장 : 168.5m	• 폭 : 37.2m
• 상부구조 : PSC Box Gr. (H=3.5m)	• 주탑구조 : 복합구조 단일경사주탑 (θ=15°, H=96m)
• 위 치 : 말레이시아, Putrajaya	• 준공년도 : 2003년

1-3. Sancho El Mayor Bridge

· Sancho El Mayor교는 스페인의 나바라(Navarra) Tudela 근처의 Ebro강을 횡단하는 교량으로서 사재 케이블이 설치되는 주경간장은 137.72m이며, 32.0m와 25.6m의 경간이 접속되는 3경간 연속 PSC 비대칭 사장교이다.

· 주경간측 35줄의 Fore stay cable은 시점측 교대 중앙부에 위치한 약 15°로 경사진 59.8m 높이의 일면 경사 주탑과 28.9m 폭의 상부거더 중앙간에 일면으로 설치되며, 70줄의 Back stay cable은 35줄씩 양쪽으로 갈라져 육상부의 Counter Weight Anchor Block에 정착되어 있다.

• 구조형식 : 3경간 연속 비대칭 PSC 사장교	• 가설공법 : 캔틸레버 공법
• 교량연장 : 137.1+32.0+25.6=194.7m	• 폭 : 28.9m
• 상부구조 : PSC Box Gr. (H=2.14m)	• 주탑구조 : PSC구조 일면경사주탑 (H=59.8m)
• 위치 : 스페인, Tudela	• 준공년도 : 1980년

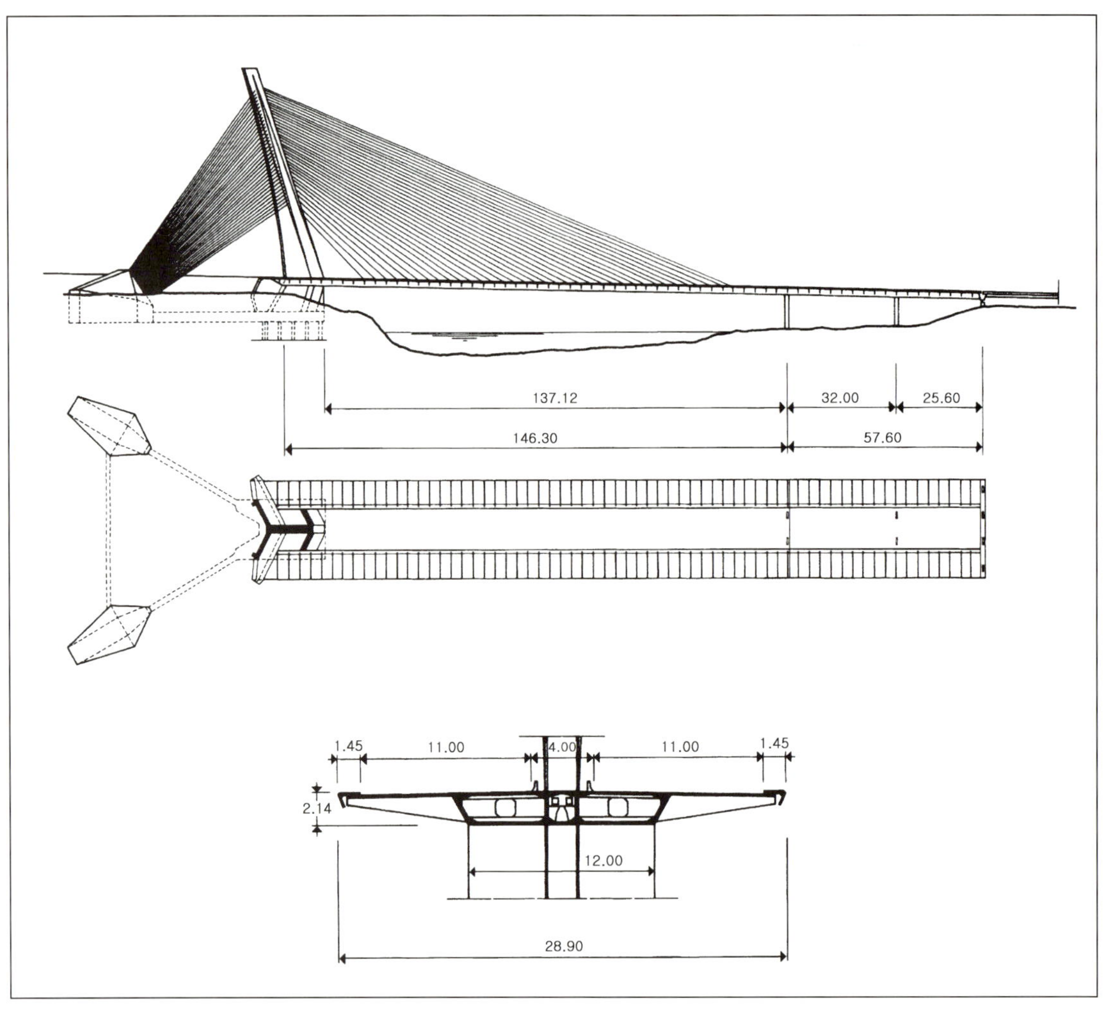
137.12
32.00
25.60
146.30
57.60
1.45
11.00
4.00
11.00
1.45
2.14
12.00
28.90

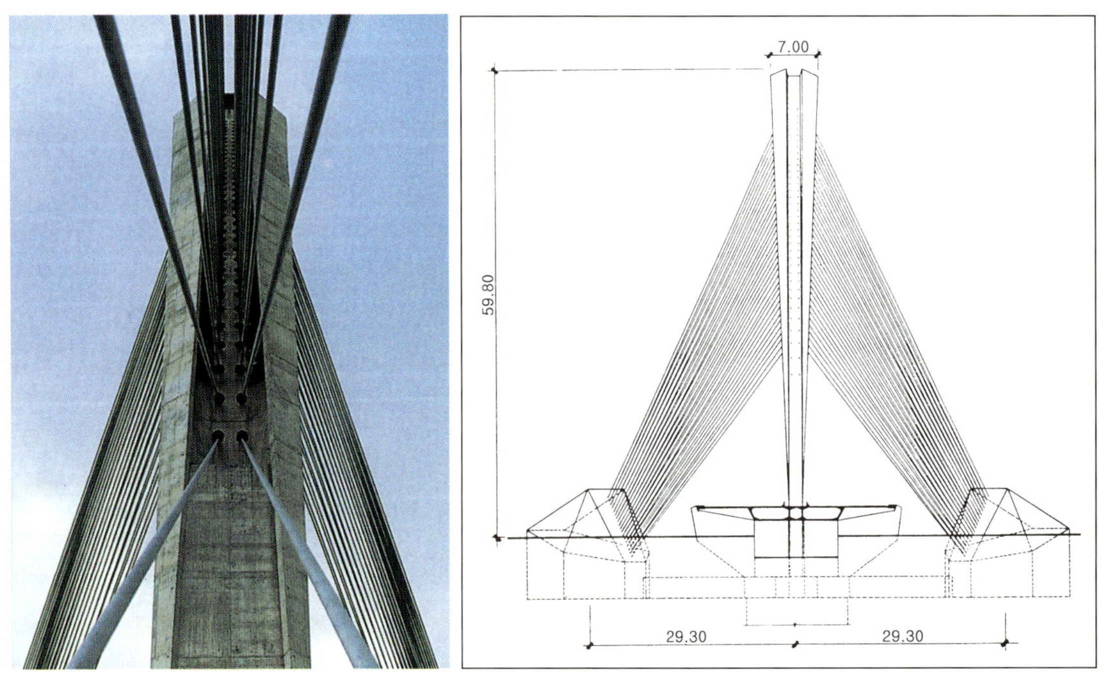
7.00
59.80
29.30
29.30

1-4. Lerez River Bridge

· Lerez River교는 스페인의 갈리시아 폰테베드라(Galicia, Pontevedra)의 Lerez강을 횡단하는 교량으로 교량형식은 1980년도에 준공된 Sancho El Mayor교와 유사하나 Back stay cable 배치 형상은 주탑 후면 육상부에 설치된 원형의 Anchor Block에 의해 케이블 간에 서로 꼬이는 듯하게 배치하고 주탑에 요철을 두어 좀더 아름다운 조형미를 추구하였다.

· 125m 단경간의 프리스트레스트 콘크리트 일면 경사주탑 비대칭 사장교로서 17줄의 Fore stay cable이 거더의 중앙부에 설치되어 있고, 주탑 후면 17줄의 Back stay cable이 육상부 교차로 기하구조와 조화되도록 좌·우 양측 Anchor Block에 정착되어 있다.

- 구조형식 : 단경간 비대칭 PSC 사장교
- 교량연장 : 125.0m
- 상부구조 : PSC Box Gr.
- 위　　치 : 스페인, pontevedra
- 가설공법 :
- 폭 : 왕복4차로
- 주탑구조 : PSC구조 일면경사주탑
- 준공년도 : 1995년

1-5. Hachinohe port Bridge (八戶港大橋)

· 본 교량은 일본 아오모리현 동남부 태평양 연안의 하치노 항구에 위치한 2경간 연속 비대칭 PC사장교로서, 15° 각도로 기울어진 일면 단일 콘크리트 주탑의 PC도로교로는 일본 최초의 형식이다. 교량의 총길이는 165.8m로서 주경간장 99.45m, 측경간장 55.50m로 구성되어 있으며, 종점측은 육지측으로 9.90m가 돌출되어 있다.

· 측경간 거더의 단부가 확폭되어 있고, 측경간 거더의 사재 케이블 중 상단 3줄의 케이블이 확폭부 좌·우측 양단에 펼쳐져 정착되어 있으며, 측경간 확폭부는 카운터 웨이트의 기능을 하기 위해 중실단면으로 되어 있다.

• 구조형식 : 2경간 연속 PSC 비대칭 사장교	• 가설공법 : 캔틸레버 공법
• 교량연장 : 100.0+65.8=165.8m	• 폭 : 24.3m
• 상부구조 : PSC Box Gr. (H=2.3m)	• 주탑구조 : RC구조 일면경사주탑 (θ=15°, H=47.0m)
• 위 치 : 일본, Hachinohe	• 준공년도 : 1997년

· 측경간 거더의 단부는 기설치 된 케이슨 형식의 방파재로 인하여 기초 설치의 제한 때문에 9.9m 돌출된 구조로 되어 있다.

· 교량의 사재 케이블은 일면 Double Cable 방식으로서 긴장은 전부 주탑측에서 일괄 긴장 방식이다. 주경간측 케이블은 7m 간격으로 12줄, 측경간측은 5m 간격으로 9줄이 도로중앙부에 정착되어 있고, 상단 3줄은 단부 좌·우 양측으로 정착되어 있다.

· 측경간측 거더는 지보공에 의해 선시공 한 후, 주경간측을 캔틸레버 공법에 의하여 시공이 이루어졌다.

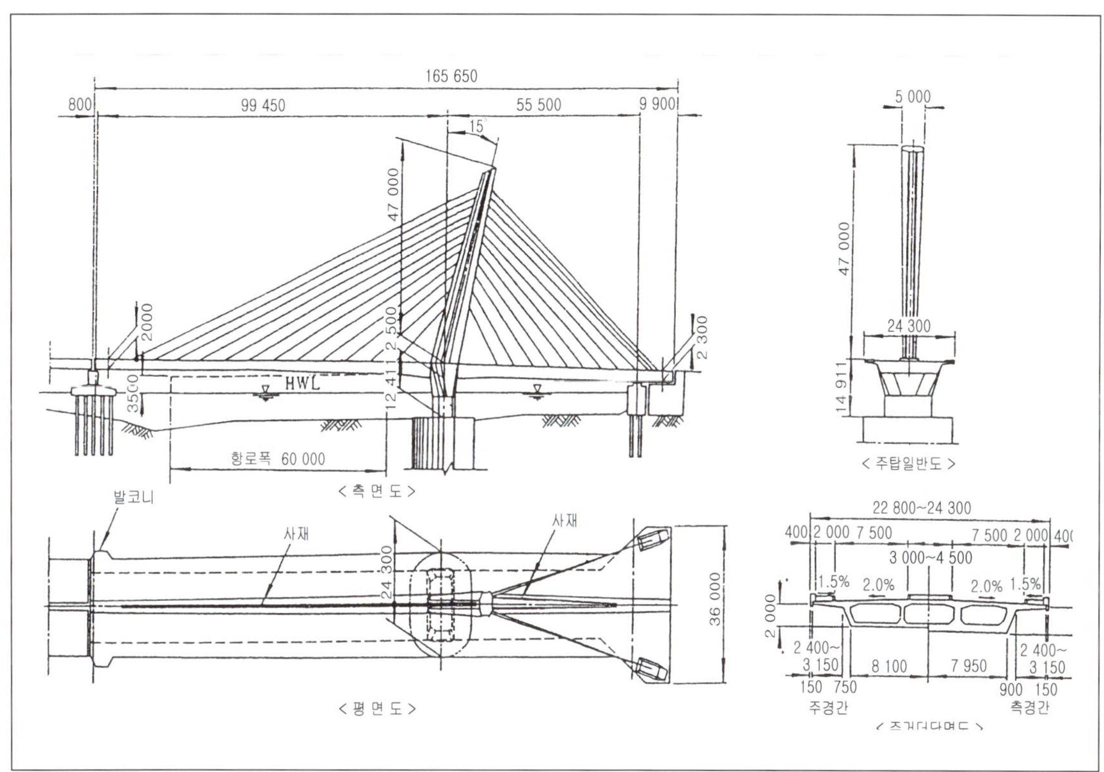

1-6. Ukai Bridge

· Ukai 대교는 일본 기후시 장량천을 횡단하는 총길이 416m의 교량으로 이 지방의 명물인 가마우지새로 은어를 잡는 독특한 고기잡이 행사가 있는 장량천의 유심부를 154m 단경간의 강사장교로 횡단하며, 하천의 둔치구간은 6경간 연속 비합성 강상형교(6@52.5＝315m)로 되어 있다.

· 사장교의 주탑 형상은 가마우지의 부리를 상징하고 케이블의 배치 형상은 날개를 의미하며, 고기잡이 하는 어부가 가마우지를 부리는 줄의 모습과 비슷하다고 이 고장에서 화제가 되고 있다.

· 주탑의 높이는 60m, 기울기는 15°로서 주변 풍경과의 조화를 고려하여 비대칭으로 좌안 육상부에 주탑을 설치하였다.

• 구조형식 : 강합성형교+단경간 비대칭 강사장교	• 가설공법 : 벤트식+캔틸레버 공법
• 교량연장 : 6@52.5＋154.0＝469.0m	• 폭 : 29.1m
• 상부구조 : 강합성형＋강상판상형 (H＝3.3m)	• 주탑구조 : 강구조 일면경사주탑 (θ＝15°, H＝60m)
• 위치 : 일 본	• 준공년도 : 2003년

· 통상적인 사장교의 케이블은 교축 중심선과 평행하게 설치되나 본 교량 육상측의 Back Stay Cable은 평면상 교량 양측 경사방향으로 배치되어 있으며 7개의 케이블을 교차시켜 꼬여 있는 형상이 되도록 하였다. 이렇게 함으로서 이동하는 시점에 맞추어 케이블의 구성을 변화시켜 곡면 형상과 개방감을 느끼도록 하였다. 또한, Back stay Cable 정착구의 간격을 좁게 하여 카운터 웨이트의 역할을 하는 Anchorage 구조를 컴팩트화 할 수 있었다.

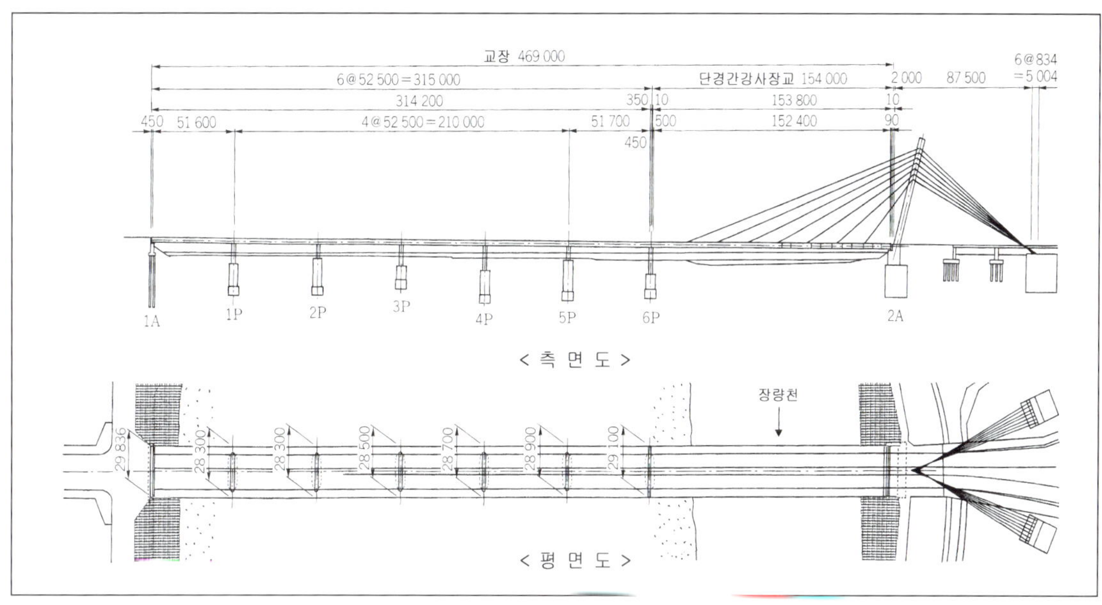

1-7. Rainha Santa Isabel Bridge

· Rainha Santa Isabel교는 포루투칼 코임브라(Coimbra)의 Mondego강을 가로지르는 교량으로서 교량의 총길이는 330m이며 주경간장이 186.5m인 4경간 연속 비대칭 사장교이다.

· 본 교량의 명칭은 Holy Queen Elizabeth Bridge 또는 Europa Bridge라고도 불리운다.

· 상부형식은 복부가 강관트러스로 되어 있고, 상면 및 하면은 프리스트레스트 콘크리트 슬라브인 Prestressed Composite Truss Girder 형식의 구조이며 형고는 4.2m로서 폭 30m인 교량 상면은 6차로의 차도로 이용되고 폭 11.5m인 하면은 보도로 이용되고 있는 복층기능의 구조이다.

· 주탑은 중앙일면 형식으로서 높이가 90m이고 측경간쪽으로 약 8° 정도 기울어져 있다.

· 주경간측의 Fore Stay Cable은 2조19줄로서 중앙분리대 부에 정착되어 있고 Back Stay Cable은 각 9줄이 교량 양측으로 벌어져 측경간 측교각부 하단의 Anchor Block에 정착되어 있다.

• 구조형식 : 4경간 연속 비대칭 사장교	• 가 설 공 법 :
• 교량연장 : 330m, 주경간장 : 186.5m	• 폭 : 30m
• 상부구조 : 강관트러스 복부의 복합구조(H=4.2m)	• 주 탑 구 조 : RC구조 일면경사주탑(θ=8°, H=90m)
• 위 치 : 포루투칼, Coimbra	• 준 공 년 도 : 2003년

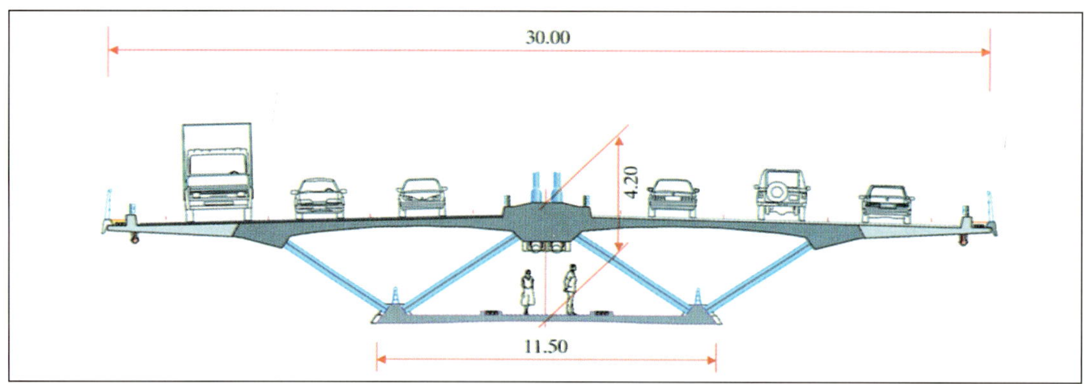
30.00
4.20
11.50

1-8. Millennium Bridge

· Millennium교는 세르비아와 몬테네그로 지방을 연결하는 교량으로서 포드고리차(Podgorica) Moraca강을 횡단한다.

· 교량의 길이는 145m, 폭은 22.4~25.4m이고 형고는 2.6m이며 거더 양측에 3.6~5.0m 길이의 브라켓이 설치되어 있는 프리스트레스트 콘크리트 BOX 거더 형식의 비대칭사장교이다.

· 57m 높이의 경사진 콘크리트 주탑에 주경간측으로 12개의 fore stay cable이 거더 중앙에 설치되어 있고, Back stay cable이 12개씩 양측으로 Counter Weight Anchor Block에 정착되어 있다.

· 본 교량은 스페인의 Lerez River교(1995)와 구조형식 및 케이블 배치 형상이 유사하다.

• 구조형식 : 단경간 비대칭 PSC 사장교	• 가설공법 : 가벤트+전진가설 공법
• 교량연장 : 145m	• 폭 : 24.2m
• 상부구조 : 2실 PSC Box Gr. (H=2.6m)	• 주탑구조 : PSC구조 일면경사주탑 (H=57m)
• 위 치 : 세르비아, Podgorica	• 준공년도 : 2005년

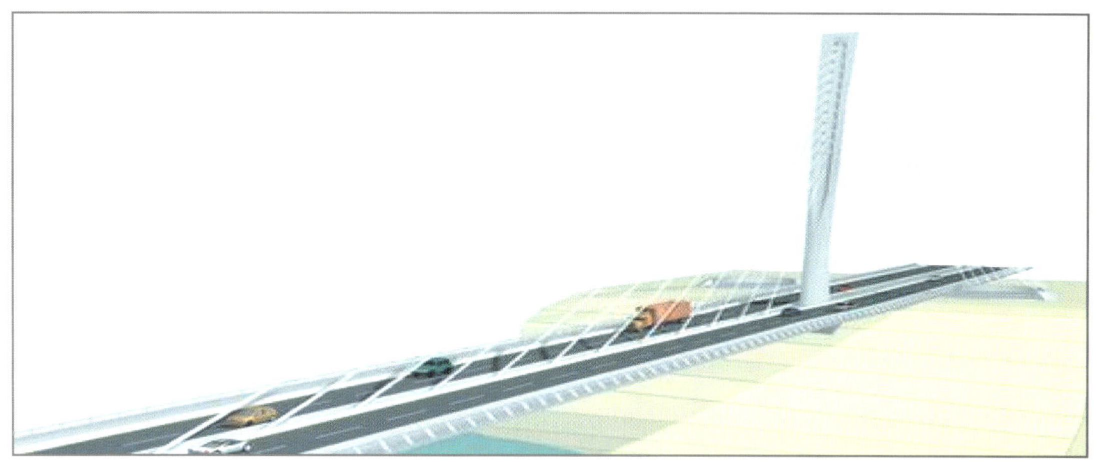

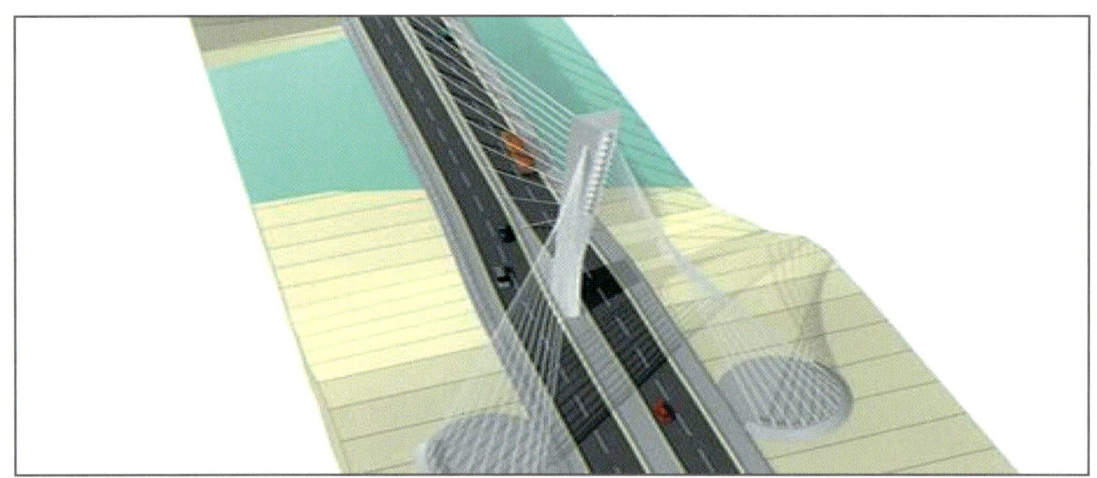

1-9. La Unidad Bridge

· La Unidad교는 멕시코 북동부 누에보레온주의 주도인 몬테레이(Monterrey)의 Santa Catarina 강을 횡단하는 총연장 304m의 중앙일면 일주탑 사장교로서 멕시코에서는 화합의 다리 (Puente de la Unidad)라고 부른다.

· 교량의 폭은 왕복 4차로로서 35m이며 주경간장은 185m이고 상부형식은 강재와 콘크리트의 합성 구조이다.

· 주탑은 높이가 134m로서 30°로 기울어져 있는 포스트 텐션의 프리스트레스트 콘크리트 구조이며, 주경간측으로 각 13줄의 사재 케이블이 상부 양단에 설치되어 있다.

• 구조형식 : 1주형 비대칭 사장교	• 가설공법 : 가벤트식 가설공법
• 교량연장 : 304m, 주경간장 : 185m	• 폭 : 35m
• 상부구조 : 강·콘크리트 합성구조	• 주탑구조 : PSC구조 일면경사주탑 (θ=30°, H=134m)
• 위 치 : 멕시코, Monterrey	• 준공년도 : 2003년

1-10. Himinoe Bridge (北美乃江大橋)

· Himinoe교는 일본 Toyama Himi시의 바다와 만나는 상압천 하류를 횡단하는 폭 21.3m, 길이 112m의 단경간 비대칭 프리스트레스트 콘크리트 사장교이다.

· 좌측교대 및 케이블 앵카 블럭과 일체로된 주탑은 15° 경사진 단일주탑으로 높이 51m의 RC 구조이다.

· 2조 8단의 Fore Stay Cable이 횡단상 교량 중앙부에 일면으로 설치되어 있고, Back Stay Cable 또한 2열 8단으로 도로 중앙부 앵카 블럭에 일면으로 설치되어 있다.

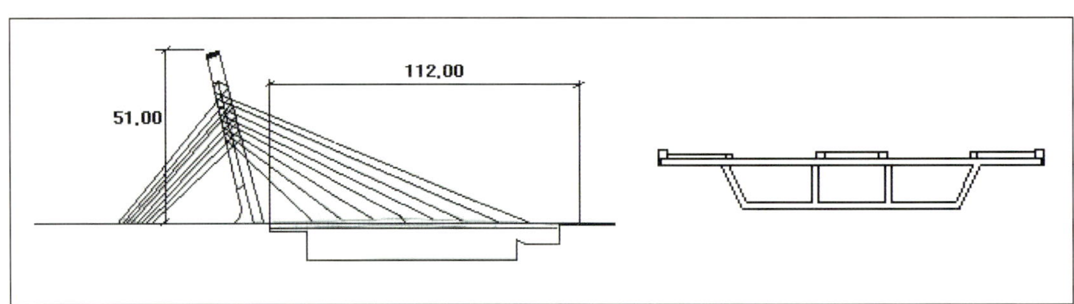

• 구조형식 : 단경간 비대칭 사장교	• 가설공법 : 캔틸레버 공법
• 교량연장 : 112m	• 폭 : 21.3m
• 상부구조 : PSC Box (H=3.0m)	• 주탑구조 : RC구조 일면경사주탑 (θ=15°, H=51m)
• 위 치 : 일본, Toyama	• 준공년도 : 2000년

P

1-11. Peldar Bridge

· Peldar교는 콜럼비아의 Envigado에 위치하는 교량으로 도시내 사거리를 횡단하는 프리스트레스트 콘크리트 사장교 형식의 고가차도이다.

· 교량의 폭은 18.6m이고 총길이는 271m로서 시점부 60m 지간과 주경간 121m 구간에 9줄의 사재 케이블이 중앙분리대에 일면으로 정착되어 있으며 연속하여 20m씩 3경간이 접속되어 있다.

· 높이 50m의 주탑은 중앙분리대 구간에 설치된 일면 철근콘크리트 변단면 사각형 주탑으로 교축방향으로 약간 기울어져 있다.

• 구조형식 : 비대칭 PSC 사장교	• 가설공법 : 가벤트 공법
• 교량연장 : 60.0+121.0+3@20.0=271m	• 폭 : 18.6m
• 상부구조 : PSC Box Gr.	• 주탑구조 : RC구조 단일경사주탑(H=50m)
• 위 치 : 콜럼비아, Envigado	• 준공년도 : 2003년

1-12. Alamillo Bridge

· Alamillo교는 스페인의 남서부 안달루시아지방 세비야주의 주도인 세비야(sevilla)시의 과달키비르(Guadalquivir)강을 횡단하는 교량으로서 SEVILLE EXPO'92를 기념하기 위해 건설되었다.

· 교량의 총연장은 250m이며 주경간장은 200m로서 32° 경사진 142m 높이의 콘크리트가 충진된 강재주탑과 Harp형으로 배치된 2열 13줄의 사재 케이블이 주경간을 지지하고 주탑의 중심부에는 꼭대기까지 이르는 점검 계단이 설치되어 있다.

· 6각형 STEEL BOX 주거더 상면으로부터 1.6m 아래 양측으로 3차로 차도를 지지하는 캔틸레버빔이 설치되어 있고, 주거더의 상단은 보도와 자전거도로로 이용된다.

• 구조형식 : 단경간 비대칭 강사장교	• 가설공법 :
• 교량연장 : 200m	• 폭 :
• 상부구조 : 강상판상형	• 주탑구조 : SRC구조 일면경사주탑 (θ =32°, H=142m)
• 위 치 : 스페인, Sevilla	• 준공년도 : 1992년

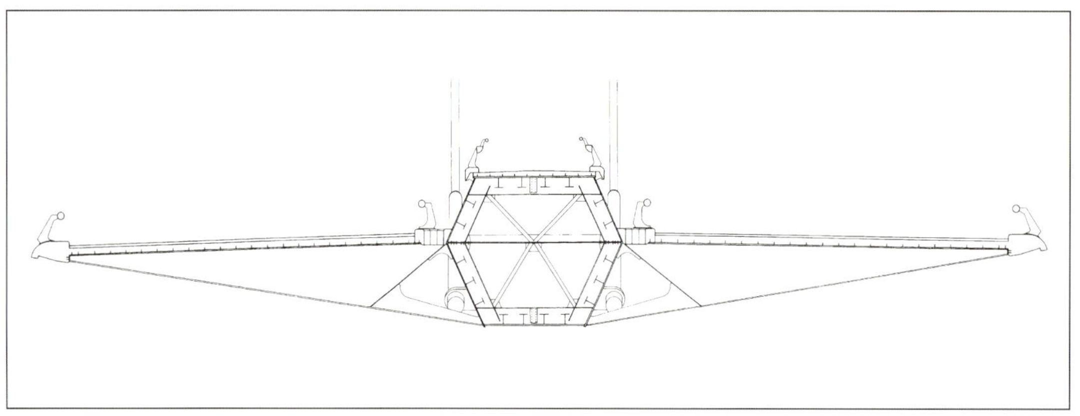

1-13. Puerto Madero 보도교

· Puerto Madero 보도교는 총연장 160m의 주경간장 100m인 사장교로서 아르헨티나의 부에노스 아이레스(Buenos Aires)에 위치한다. 선박의 자유로운 통행을 위해 주탑 위치의 교각을 중심으로 90° 회전이 가능한 Swing Bridge이다. 주탑의 전체하중 분포는 교량의 회전이동을 용이하게 하기 위하여 상부의 무게와 평형을 이룰 수 있도록 되어 있다.

• 구조형식 : 비대칭 강사장교	• 가설공법 :
• 교량연장 : 160m, 주경간장 : 100m	• 폭 :
• 상부구조 : 강상판상형	• 주탑구조 : 강구조 단일경사주탑 (H=39m)
• 위 치 : 아르헨티나, Buenos Aires	• 준공년도 : 2002년

1-14. Sundial 보도교

· Sundial 보도교는 미국 California Redding의 세크라멘토(Sacramento)강을 횡단하는 교량으로서 터틀만탐험공원(Turtle Bay Exploration Park)에 위치하는 총길이 220m, 주경간장 126m의 사장교이다.

· 본 교량은 Back stay cable이 없는 사장교로서 38° 각도로 기울어진 58m 높이의 강재 주탑은 교량 한쪽으로 치우쳐 설치되어 있으며 해시계의 기능을 갖도록 되어 있다.

· 상부는 강관트러스 구조에 반투명 강화유리로 된 바닥판을 사용하여 다리를 건너면서 하면의 흐르는 강물을 볼 수 있으며 야간에는 바닥판 아래에서 조명을 비출 수 있도록 하였다.

· 14줄의 사장 케이블은 보도의 주통로와 보조통로 사이에 위치한다. 본 교량의 구조형식은 스페인의 Alamillo교(1992)와 유사하다.

• 구조형식 : 비대칭 강사장교	• 가설공법 : 캔틸레버 공법
• 교량연장 : 213m, 주경간장 : 126m	• 폭 : 7.0m
• 상부구조 : 강트러스, 강화유리 deck	• 주탑구조 : 강구조 단일경사주탑 (θ =38°, H=66.1m)
• 위 치 : 미국, California	• 준공년도 : 2004년

제 2 편 일면 수직주탑 사장교

2-1. Kemijoki Bridge (필린드, 1989)

2-2. Liege Bridge (벨기에, 2000)

2-3. Lipon Bridge (필란드, 2001)

2-4. Isere Bridge (프랑스, 1991)

2-5. Victor Bodson Bridge (룩셈부르크, 1993)

2-6. Lutxana swing Bridge (스페인, 2004)

2-1. Kemijoki Bridge

· 본 교량은 필란드 북부 라플란드 지방의 중심도시인 로바니에미(Rovaniemi)의 Kemi강을 횡단하는 총연장 323.5m의 5경간 연속 프리스트레스트 콘크리트 비대칭 사장교이다.

· 교량의 명칭은 Lumberjack's Candle Bridge 또는 Rovaniemi Bridge라고도 불리우며 1989년도에 준공된 본 교량은 필란드에서 첫 번째 케이블 교량이다.

· 교량의 유효폭은 25.5m로서 4차로의 차도와 보도, 자전거 도로로 구성되어 있으며 경간 구성은 40.35m, 42m, 126m, 2×42m의 5경간으로 주경간장은 126m이다.

· 주탑은 교면으로부터의 높이 47m 철근콘크리트구조의 원형 단면 기둥 2개로 구성되어 중앙분리대측에 설치된 일면 수직주탑으로서 주경간측의 Fore Stay Cable 2열8단이 보강거더 중앙 분리대부에 fan형식으로 정착되어 있고 Back Stay Cable은 2열6단이 교대지점에 정착되어 있다.

• 구조형식 : 5경간 연속 비대칭 PSC 사장교	• 가설공법 :
• 교량연장 : 323.5m, 주경간장 : 126.0m	• 폭 : 25.5m
• 상부구조 : PSC Box Gr.	• 주탑구조 : RC구조 단일수직주탑 (H=47m)
• 위 치 : 필란드, Rovaniemi	• 준공년도 : 1989년

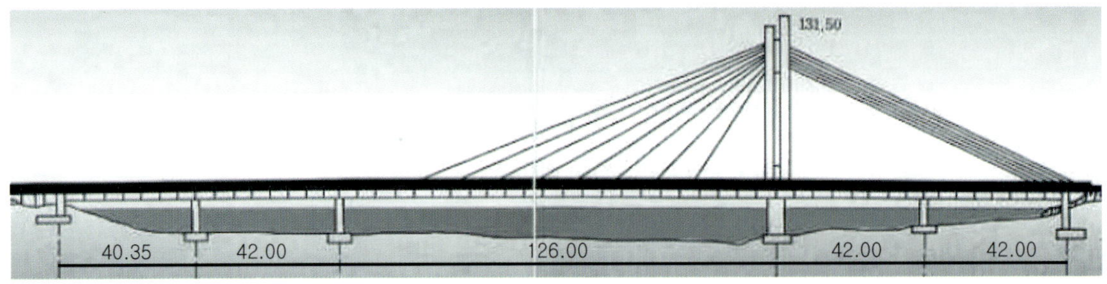
131.50
40.35
42.00
126.00
42.00
42.00

2-2. Liege Bridge

· Liege교는 벨기에의 E40-E25 자동차 전용도로 노선상의 교량으로 리에(Liege)주의 뫼즈(Meuse)강을 횡단하며 교량시점과 종점측에 Kinkempois터널과 Cointe터널이 접속되어 있다.

· 본 교량의 총연장은 사장교 구간 162m를 포함하여 328m이며, 교량의 폭은 왕복4차로서 25.9m이다. 상부구조는 프리스트레스트 콘크리트 박스에 캔틸레버측에 원형강관의 브라켓이 설치되어 있고 주탑은 2차로 쌍굴의 Cointe터널 시점 중앙부에 위치하고 원형단면으로서 높이는 76m이다.

· 교량측에 설치되어있는 Fore stay cable 22줄이 거더 중앙부에 정착되어 있으며, Back stay cable 또한 22줄로서 Cointe 터널 개착 BOX 상단 중앙부에 정착되어 있는 것이 특징이다.

• 구조형식 : 비대칭 PSC사장교	• 가설공법 :
• 교량연장 : 328m, 주경간장 : 162.0m	• 폭 : 25.9m
• 상부구조 : PSC Box Gr.	• 주탑구조 : RC구조 단일수직주탑(H=76m)
• 위 치 : 벨기에, Liege	• 준공년도 : 2000년

2-3. Lipon Bridge

· Lipon Bridge는 필란드 고속도로(VT3)를 횡단하며 휴게소 진·출입을 위한 육교로서 교량폭원 11.5m, 길이 70m의 단경간 편측 주탑의 철근콘크리트 사장교이다.

· 주탑은 높이 40m로서 거더 중앙부에 위치하며 교대와 일체구조로 수직으로 세워져 있다.

· Fore stay cable은 8.5m 간격으로 7줄이 거더 중앙부에 설치되어있으며 Back stay cable은 우측교대 토공부 도로중앙 앵커 블럭에 6줄이 설치되어 있다.

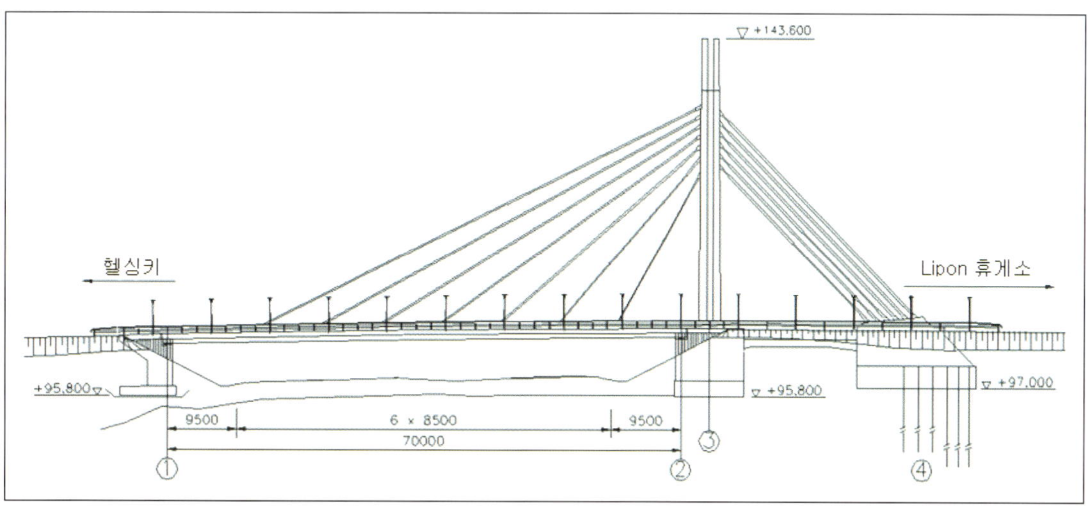

- 구조형식 : 단경간 비대칭 PSC사장교
- 교량연장 : 70m
- 상부구조 : RC 슬래브
- 위　　치 : 필란드, Lempaala
- 가설공법 : 가벤트식 가설공법
- 폭 : 11.5m
- 주탑구조 : RC구조 단일수직주탑 (H=40m)
- 준공년도 : 2001년

2-4. Isere Bridge

· 프랑스 서부 루아르아틀랑티그 주의 도시인 생나제르(Saint-Nazaire)에는 Grenoble과 Valence를 연결하는 A49 자동차도로의 이제르(Isere)강을 횡단하는 2경간 연속 프리스트레스트 콘크리트 비대칭 사장교가 위치한다.

· 본 교량은 폭 21.4m의 왕복 4차로로서 148m, 156m의 2경간으로 구성되며 총연장은 304m이다.

· 주탑은 철근콘크리트 단일주탑으로서 총높이는 94m이고 교면으로부터는 57m이다. 보강거더는 프리스트레스트 콘크리트 구조로서 캔틸레버 공법에 의해 시공되었다.

• 구조형식 : 2경간 연속 비대칭 사장교	• 가설공법 : 캔틸레버 공법
• 교량연장 : 148+156=304m	• 폭 : 21.4m
• 상부구조 : PSC Box Gr.	• 주탑구조 : RC구조 단일수직주탑(H=94m)
• 위치 : 프랑스, Saint-Nazaire	• 준공년도 : 1991년

2-5. Victor Bodson Bridge

· Victor Bodson교는 룩셈부르크 Hesperange의 Alzette 골짜기를 약 40m 높이로 횡단하는 폭 27m, 왕복 4차로의 130m 2경간, 중앙일면 주탑 사장교이다.

· 교량 종점측과 접속하여 2차로 쌍굴터널인 Howald 터널이 위치하고 있으며 길이 42m~140m의 16줄 케이블이 교량 중앙분리대에 높이가 150m이고, 철근콘크리트 구조의 일면 주탑을 중심으로 양측으로 대칭되게 설치되어 있다.

• 구조형식 : 2경간 연속 PSC 사장교	• 가설공법 :
• 교량연장 : 2@130=260m	• 폭 : 27.0m
• 상부구조 :	• 주탑구조 : RC구조 일면수직주탑 (H=105m)
• 위 치 : 룩셈부르크, Hesperange	• 준공년도 : 1993년

2-6. Lutxana swing Bridge

· 본 교량은 스페인 북부 바스크지방 비스카야주 빌바오(Bilbao)시의 Necion강을 횡단하는 교량으로서 주경간장은 108m이고 측경간장이 72m인 2경간 연속의 단일주탑 비대칭 사장교이며 선박의 통행을 용이하게 하기 위하여 주탑을 회전축으로 하여 상부거더를 90° 이상 회전이 가능하도록 되어 있다.

· 교량의 폭은 27m로서 보도와 차도 겸용이며 주탑은 높이 46m의 수직주탑으로 회전을 위한 통제실이 설치되어 있다.

· 케이블은 주경간 및 측경간 횡단상 양면으로 각각 8줄씩 설치되어 있다.

• 구조형식 : 2경간 비대칭 사장교	• 가설공법 :
• 교량연장 : 108+72=190m	• 폭 : 27.0m
• 상부구조 :	• 주탑구조 : 강구조 단일수직주탑(H=46m)
• 위 치 : 스페인, Bilbao	• 준공년도 : 2004년

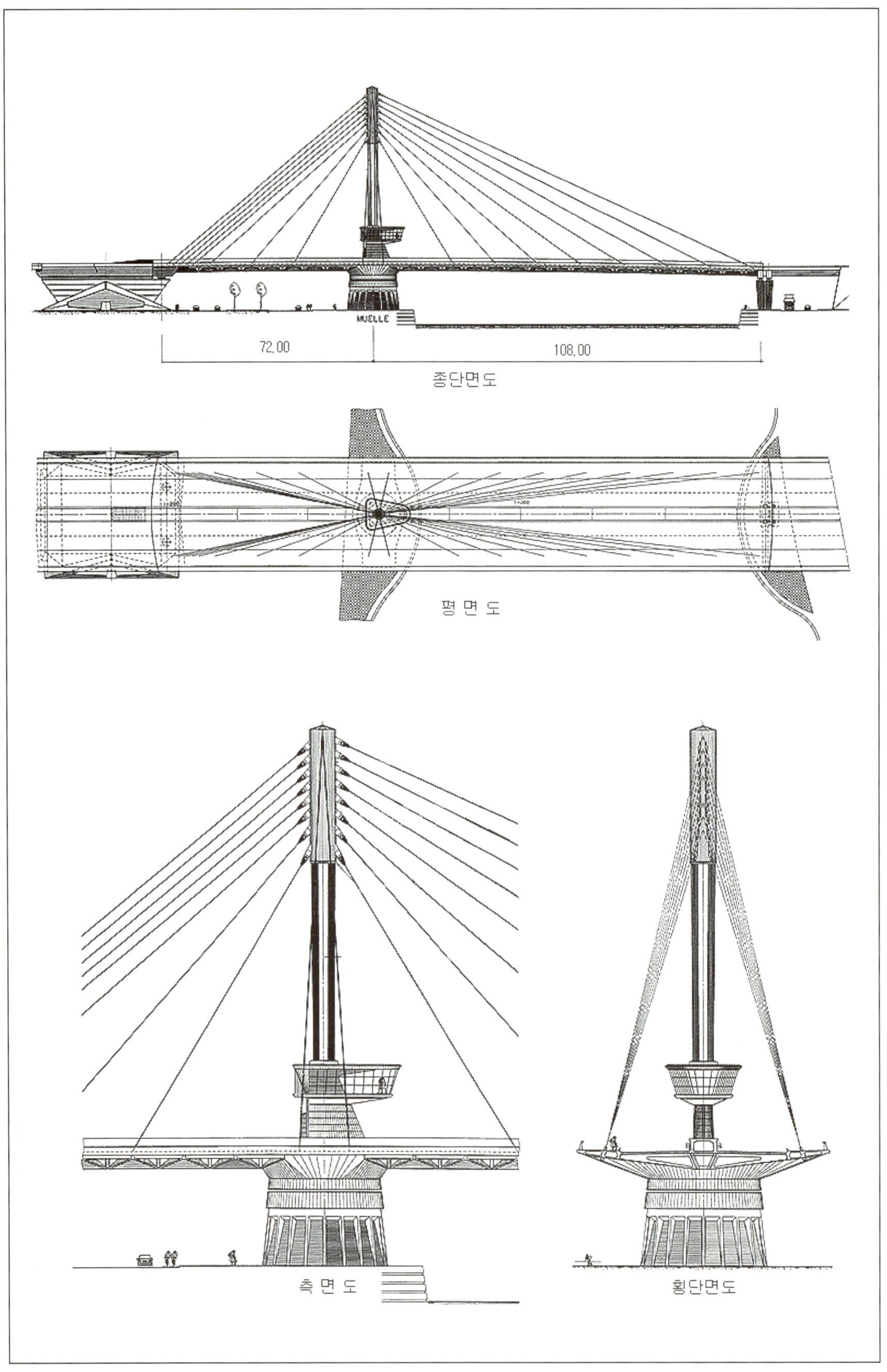
MUELLE
72.00
108.00
종단면도
평 면 도
측 면 도
횡단면도

• 그 밖에 일면 수직주탑 사장교

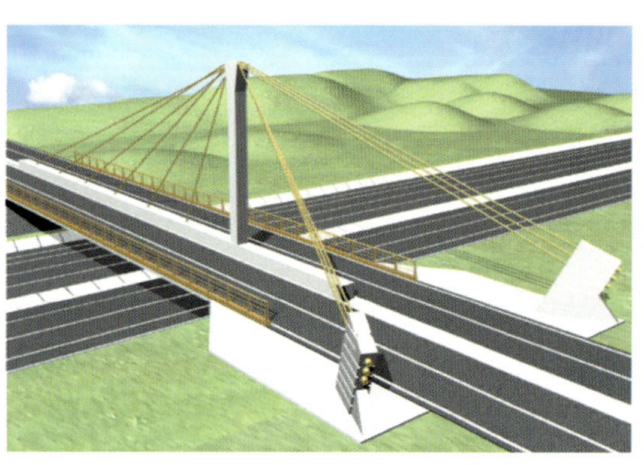

제 3 편 A형 경사주탑 사장교

3-1. Batman Bridge (오스트레일리아, 1968)

3-2. Bratislava Bridge (슬로바키아, 1972)

3-3. Saint-Maurice Bridge (스위스, 1986)

3-4. Erasmus Bridge (네덜란드, 1996)

3-5. Sunmarine Bridge (일본, 1996)

3-6. Marinsky Bridge (체코, 1998)

3-7. Eilandbrug Bridge (네덜란드, 2003)

3-1. Batman Bridge

· Batman Bridge는 1968년도에 준공된 오스트레일리아 최초의 현대식 사장교로서 태즈메이니아(Tasmania)강을 횡단하는 주경간장 205m를 포함하여 교량 총길이 432m인 강상판 트러스의 상부구조를 갖는 편측 A형 주탑 비대칭 사장교이다.

· 주탑은 높이가 약 100m로서 주경간측으로 20° 정도 기울어진 경사 A형 강재 주탑이며, 주경간측 양면 각 3줄의 Fore stay cable과 양면 각 1줄의 Back stay cable이 주탑 상단에 정착되어 있다.

• 구조형식 : 비대칭 강트러스 사장교	• 가설공법 :
• 교량연장 : 432.1m, 주경간장 : 205.7m	• 폭 : 10.3m
• 상부구조 : 강트러스 강상판 (H=4.5m)	• 주탑구조 : 강구조 경사A형주탑 (θ=20°, H=100m)
• 위 치 : 오스트레일리아, Whirlpool Reach	• 준공년도 : 1968년

3-2. Bratislava Bridge

· Bratislava교는 슬로바키아 브라티슬라바에서 다뉴브강을 건너는 교량으로서 교량의 좌안은 카르파티아 산맥 가장자리의 옛 성이 위치하며, 우안은 다뉴브 강변을 따라 비옥한 평야가 펼쳐져 있다. 이러한 비대칭 지형과 옛 성에 의해 거리 실루엣이 한쪽만 높은 특징이 조화되도록 한 431.8m 길이의 장지간 비대칭강사장교이다.

· 본 교량은 A형 단일주탑의 강사장교로서 경간 구성은 74.8+303.0+54.0m, 직경 70mm의 케이블은 거더 중앙에 설치되어 있으며 주거더는 비틀림 강성이 큰 강 박스 거더이다. 교량의 좌안쪽에 입체 교차로가 있으므로 그 입구 부근 54m 구간은 차도 폭이 넓다. 주탑 위에는 120명을 수용할 수 있는 식당과 전망대가 있으며 외관상으로는 UFO 모양으로서 원형 알루미늄 판을 붙혀 놓은 것이다.

• 구조형식 : 비대칭 강상형 사장교	• 가설공법 : 대블럭 가설 공법
• 교량연장 : 74.8+303.0+54.0=431.8m	• 폭 : 21.0m
• 상부구조 : 2실 강상판상형 (H=4.6m)	• 주탑구조 : 강구조 경사A형주탑 (H=84.6m)
• 위 치 : 슬로바키아, Bratislava	• 준공년도 : 1972년

· 주거더의 형고는 4.5m, 2실 박스거더로 상부는 폐 리브 강상판이며 하면에는 3.5m 보도가 주거더 양측에 있다. 강상판 폭은 21.0m, 차도의 횡단구배는 내측으로 하향 2% 구배를 두어 차도 중앙부에서 직접 배수를 할 수 있으며 또한 온도 변화 등에 의해 발생된 습기로 인한 박스거더 내부에 고인 물을 용이하게 배수 할 수 있다.

· A형 주탑 2개 기둥은 식당 및 전망대로의 승강설비를 설치하기 위해 다실 박스 단면으로 되어 있다. 여기에는 배관류와 비상계단 이외에 10인승 엘리베이터가 기둥 단면 중앙에 설치되어 있다.

3-3. Saint-Maurice Bridge

· Saint-Maurice교는 스위스의 St-Maurice시에 근접한 Leman고속도로의 쌍굴터널 출구와 접속되어 Rhone강을 45° 각도로 횡단하는 주경간장 93m의 편측사장교이다.

· 쌍굴터널과 접속됨에 따라 각 11.7m 폭의 상·하행선 교량이 완전 분리되어 엇교로 설치되어 있으며 터널 출구와 하천이 인접함에 따라 갱문과 26m 높이의 주탑이 일체구조로 되어 있다.

· 상부는 2개의 PLATE 거더와 6m 간격의 강재가로보 상에 현장타설 콘크리트 슬라브를 설치한 구조이며 교각부에서는 부모멘트를 고려하여 주빔 하부에 콘크리트 슬라브가 설치되어 있다.

· Fore stay cable은 방사형으로 교량횡단상 좌·우측에 각각 3줄씩 설치되어 있고 Back stay cable은 좌·우 각각 2줄이 개착터널상단에 정착되어 있다.

• 구조형식 : 비대칭 복합 사장교	• 가설공법 :
• 교량연장 : 32.3+93.0+17.5=142.8m	• 폭 : 11.7m
• 상부구조 : 강합성 (H=1.3m)	• 주탑구조 : RC구조 경사A형주탑 (H=26.0m)
• 위 치 : 스위스, Saint - Maurice	• 준공년도 : 1986년

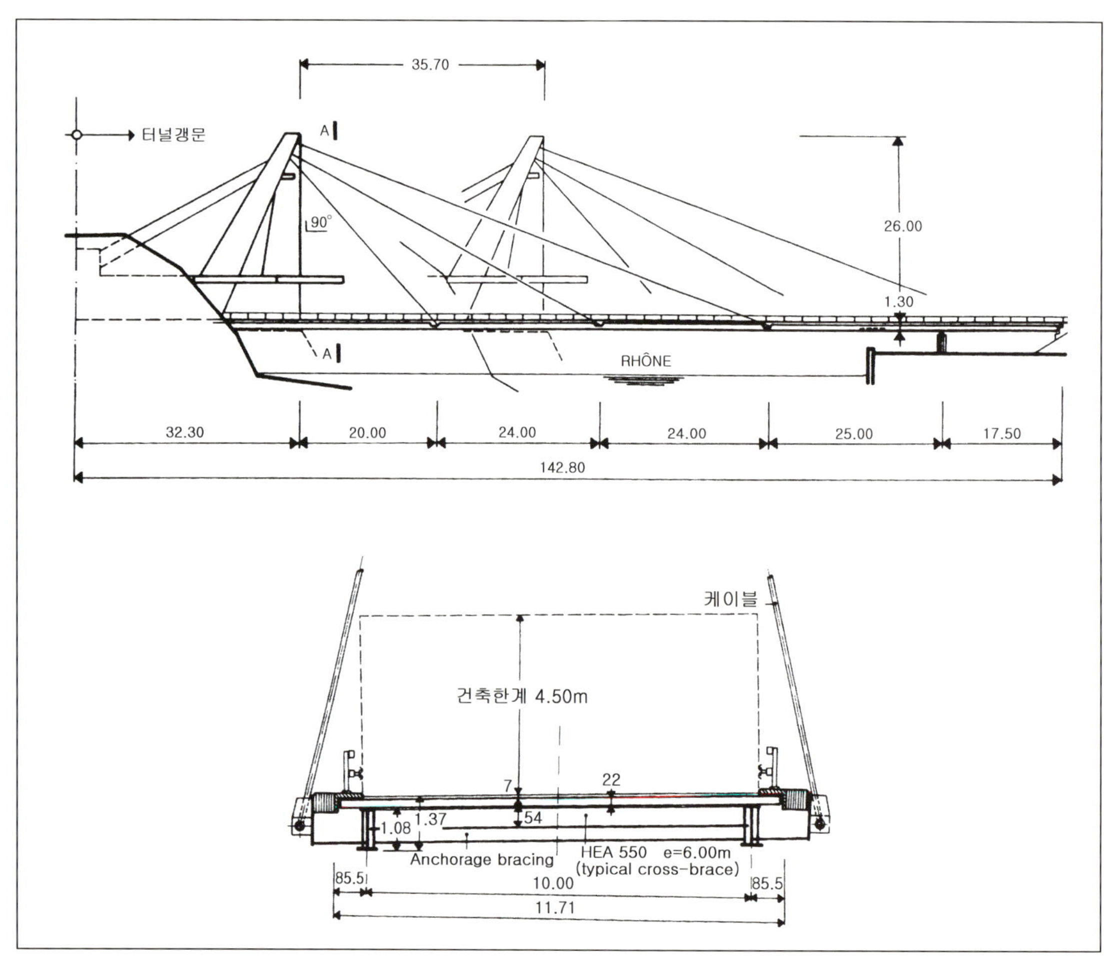
35.70
터널갱문
A
90°
26.00
1.30
RHÔNE
32.30
20.00
24.00
24.00
25.00
17.50
142.80
케이블
건축한계 4.50m
7
22
1.37
54
1.08
Anchorage bracing
HEA 550 e=6.00m
(typical cross-brace)
85.5
10.00
85.5
11.71

3-4. Erasmus Bridge

· Erasmus교는 네덜란드 로테르담 뫼즈(Rotterdam Meuse)강을 횡단하는 총연장 802m의 교량으로 접속교, 도개교, 사장교와 고가교 순서로 구성되어 있으며 이 교량의 이름은 15세기 로테르담에서 태어난 유명한 학자인 에라스무스의 이름을 따온 것이다.

· 교량폭은 33m로 중앙의 왕복전철선로와 양쪽에 각각 2차로의 도로와 보도, 자전거 도로가 있다.

· 사장교 구간은 주경간 280m, 측경간 74m로 구성되어 주경간의 상부구조는 두 개의 강 BOX 거더에 가로보와 강상판을 연결한 구조이며 측경간은 높이 139m의 주탑과 일체화된 구조이다.

· 주탑 내부에는 원활한 유지관리를 위한 접근성을 위하여 계단과 사다리, 작업 발판이 설치되어 있으며 엘리베이터 한 대가 기둥 내에 설치되어 있다.

· 16줄의 Fore stay cable이 주경간의 양측에 각각 설치되어 있으며 2줄의 Back stay cable은 주탑과 일체로 된 측경간 끝단에 고정되어 있다.

• 구조형식 : 비대칭 강상형 사장교	• 가설공법 :
• 교량연장 : 802m, 주경간장 : 280m	• 폭 : 33.0m
• 상부구조 : 강상판상형 (H=2.25m)	• 주탑구조 : 강구조 경사A형주탑 (H=139m)
• 위 치 : 네덜란드, Rotterdam	• 준공년도 : 1996년

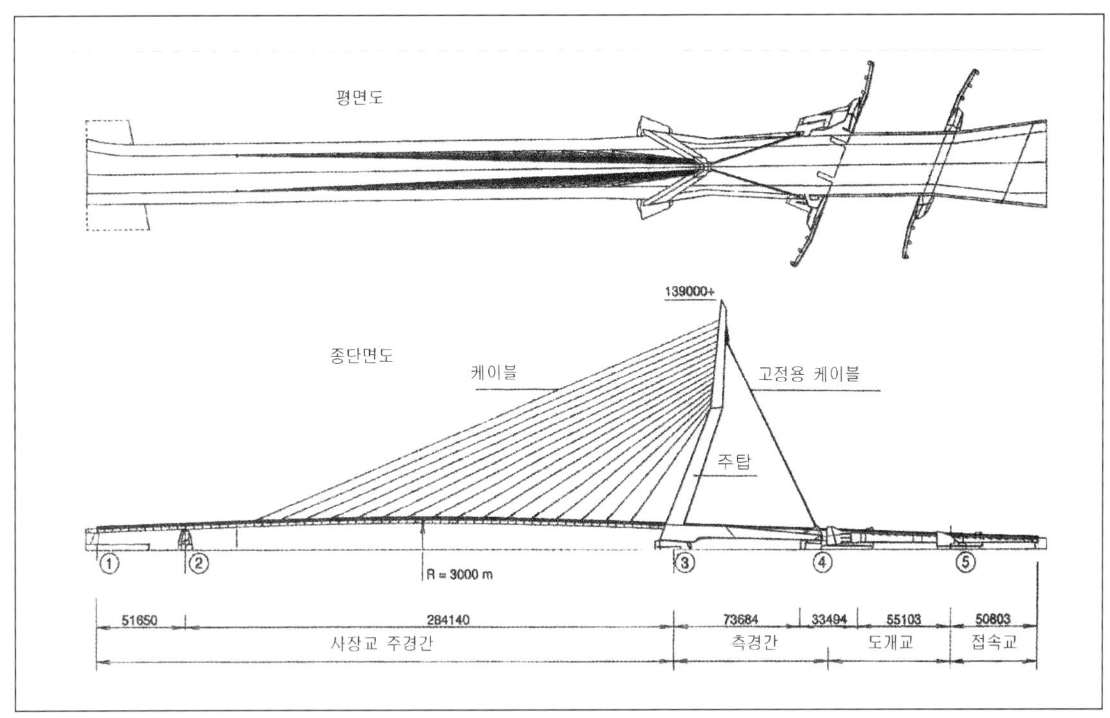
평면도
139000+
종단면도
케이블
고정용 케이블
주탑
R = 3000 m
51650
284140
73684
33494
55103
50803
사장교 주경간
측경간
도개교
접속교

3-5. Sunmarine Bridge

· 본 교량은 일본 시즈오카현의 하나마 호수를 횡단하는 교량으로서 주경간측의 강재 박스 거더와 측경간측의 프리스트레스트 콘크리트 중공 거더를 복합구조로 결합시킨 총길이 260m의 복합 사장교이다.

· 주탑 형상은 Sunmarine Bridge라는 교량 이름에 걸맞게 그리고 미래를 향해 도약하는 이미지와 하마나 호수에 떠 있는 요트 쎌을 이미지로 한 독특한 곡선모양으로 주변 경관과의 조화를 도모하였다. 또한 교량 전체 색깔을 흰색으로 통일시켜 밤에는 상향의 야간 조명으로 조형미를 창출해 내고 있다. 구조적으로는 발생하는 인장응력에 대응하기 위해 바깥 굽은 면 쪽에서 프리스트레스 강재를 배치한 PRC구조이다.

· 단경간측 2@30=60m 구간의 주거더 형식은 2실 프리스트레스트 콘크리트 박스 거더이며 장경간측 130+70=200m 구간의 주거더 형식은 4실 강재 박스 거더인 복합구조이다. 프리스트레스트 콘크리트 거더와 강 거더의 접합부는 단면력이 비교적 작은 장경간측 주탑 부근에 설치하였다.

• 구조형식 : 4경간 연속 비대칭 복합 사장교	• 가설공법 : 가벤트 공법
• 교량연장 : 2@30+(130+70)=260m	• 폭 : 14.5m
• 상부구조 : PSC Box Gr.	• 주탑구조 : PRC구조 경사A형주탑(H=61m)
• 위 치 : 일본, shizuoka	• 준공년도 : 1996년

3-6. Marinsky Bridge

· Marinsky교는 체코의 Elbe강을 횡단하는 교량으로서 주경간장 123.5m와 측경간장 55.5m인 Back stay cable이 없는 2경간 연속 비대칭 사장교이다.

· 교량의 시점부는 본 노선과 직교하는 도로와의 입체교차를 위하여 육교와 T형으로 접속한다. 교량의 폭은 26.1m이며 중앙분리대 위치에 보도가 설치되어 있고, 보도양측으로 케이블이 정착되어 있다.

· 주경간측의 상부구조형식은 강상판형교이며 측경간은 강·콘크리트 합성교이다. 주탑은 높이 60m로서 약 30° 각도로 기울어져 있으며 물과 접촉되는 하단부는 콘크리트이고 그 이상은 강구조이다.

• 구조형식 : 비대칭 강사장교	• 가설공법 : 캔틸레버 공법
• 교량연장 : 123.5+55.5=179.0m	• 폭 : 26.1m
• 상부구조 : 강상판상형(H=3.0m)	• 주탑구조 : 강구조 경사A형주탑(θ=30°, H=60m)
• 위치 : 체코, Usti nad Labem	• 준공년도 : 1998년

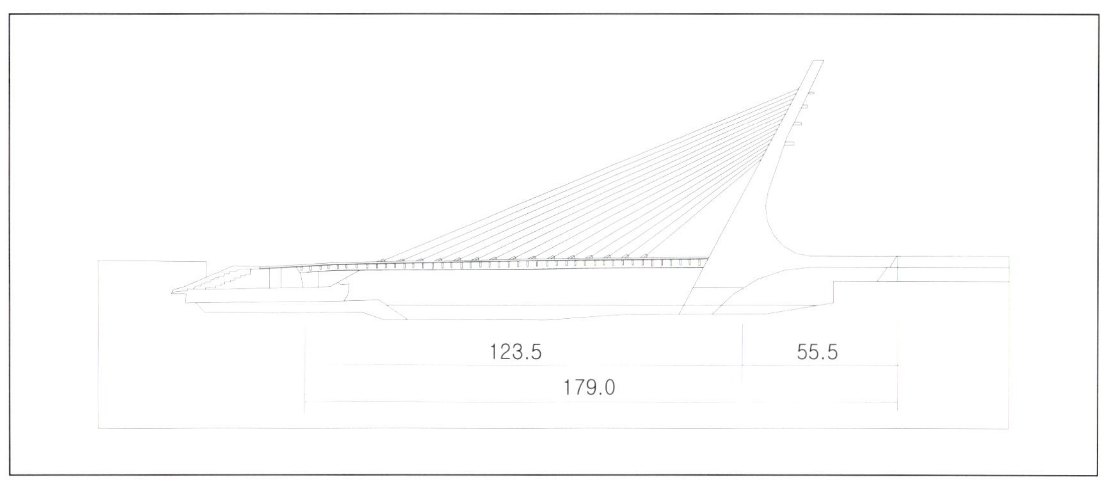
123.5
55.5
179.0

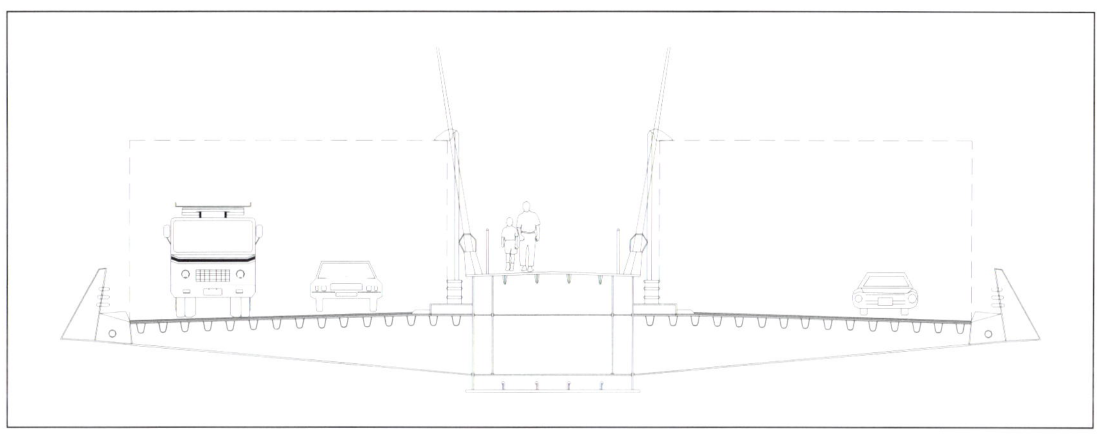

3-7. Eilandbrug Bridge

· Eilandbrug교는 네덜란드 캄펜(Kampen)시에 인접한 Ijssei강을 횡단하는 교량이다. 교량의 총 길이는 412m이며 주탑의 높이는 93.5m이고 주경간의 길이는 150m, 폭 18.78m인 편측 경사주탑 사장교이다. 주경간과 접속하여 선박 통행이 가능하도록 도개교가 설치되어 있다.

· 사장교 구간인 주경간의 상부구조는 강·콘크리트 합성구조이며 접속교의 상부구조는 지름 90cm의 중공관을 설치, 자중을 감소시킨 형고 1.25m의 프리스트레스트 콘크리트 중공 슬래브교이다.

· 주탑은 고강도 콘크리트(B65)의 철근콘크리트 구조로서 기초상단으로부터 교면까지 18.5m이고 교면으로부터 75m 높이의 A형 경사주탑으로 형성되어 있다. 주탑 상단에 가로보를 설치하여 2개의 기둥을 연결하고 케이블을 정착하였다.

· 주경간측의 Fore stay cable은 18개의 케이블을 주거더 양측에 설치하였고, 케이블의 길이는 68~165m이다. Back stay cable은 6개의 케이블을 교대양측에 정착시켰으며 길이는 대략 106m이다.

• 구조형식 : 비대칭 복합 사장교	• 가설공법 : 캔틸레버 공법
• 교량연장 : 412m, 주경간장 : 150m	• 폭 : 18.78m
• 상부구조 : 강·콘크리트 합성구조 (H=1.25m)	• 주탑구조 : RC구조 경사A형주탑 (H=95m)
• 위 치 : 네덜란드, Kampen	• 준공년도 : 2003년

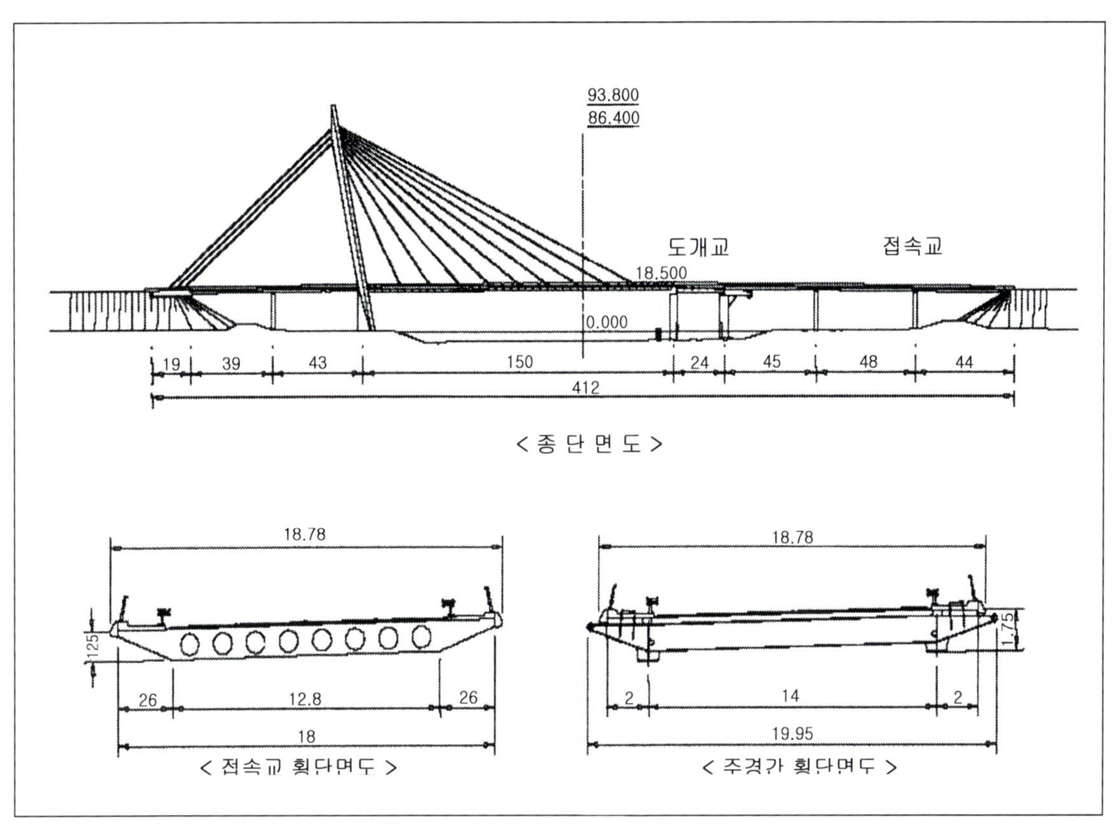
93.800
86.400
도개교
접속교
18.500
0.000
19
39
43
150
24
45
48
44
412
<종 단 면 도>
18.78
125
26
12.8
26
18
<접속교 횡단면도>
18.78
1.75
2
14
2
19.95
<주경간 횡단면도>

• 그 밖에 A형 경사주탑 사장교

제4편 A형, 역Y형 수직주탑 사장교

4- 1. Pertuiset Bridge (프랑스, 1988)

4- 2. Paterna Technology Park Bridge (스페인, 1993)

4- 3. Aire du Jura Bridge (프랑스, 1998)

4- 4. Rama Ⅷ Bridge (태국, 2002)

4- 5. Boyne Bridge (아일랜드, 2003)

4- 6. Taney Bridge (아일랜드, 2002)

4- 7. Ayunose Bridge (일본, 1999)

4- 8. Dubrovnik Bridge (크로아티아, 2001)

4- 9. Chuuou Bridge (일본, 1992)

4-10. Jackfield Bridge (영국, 1994)

4-1. Pertuiset Bridge

· 프랑스 루아르(Loire)강을 횡단하는 Pertuiset교는 주경간장이 132m이며 총길이가 174m인 사장교로서 상부는 8.6m 폭의 차도와 양측 1.5m의 폭의 보도로 구성된 총폭 14m의 콘크리트 강도 60MPa 프리스트레스트 콘크리트 구조이다.

· 주탑은 확대기초로서 기초 상단으로부터 56m 높이의 역Y형 철근콘크리트 구조이며 주탑 두부로부터 좌·우측 각 10줄의 Back Stay Cable이 정착되어 있는 Counter weight는 매스 콘크리트가 채워진 철근 콘크리트 구조이다. Fore Stay Cable은 좌·우 각 13줄이 주경간 상부 양측으로 설치되어 있다.

• 구조형식 : PSC 비대칭 사장교	• 가설공법 : 캔틸레버 공법
• 교량연장 : 174m, 주경간장 : 132m	• 폭 : 14.0m
• 상부구조 : PSC 구조	• 주탑구조 : RC구조 역Y형주탑
• 위 치 : 프랑스, Unieux	• 준공년도 : 1988년

4-2. Paterna Technology Park Bridge

· 본 교량은 스페인 발렌시아(Valencia)시 파테르나(Paterna)의 과학기술공원에 위치하고 있는 고가교로서 교량의 총길이는 214m이며 폭은 16.36m이다.

· 교량의 경간 구성은 시점측의 36m와 과학기술공원 중앙로를 횡단하는 주경간장 64m, 나머지 24m 간격의 4경간 그리고 18m 경간으로 하여 총 7경간으로 구성되어 있다.

· 역Y형 주탑은 경관상의 이유로 시점부 36m 지점에 배치되어 있으며 주탑 상단 위에 대관을 상징하는 왕관모양의 사재 케이블 정착부가 교면으로부터 30m 정도의 높이에 설치되어 있고 시점부 측경간과 주경간 도로 중심 중앙분리대부에 각 5줄의 사재 케이블이 설치되어 있다.

• 구조형식 : 7경간 연속 비대칭 사장교	• 가설공법 : 가벤트 공법
• 교량연장 : 36+64+4@24+18=214m	• 폭 : 16.36m
• 상부구조 :	• 주탑구조 : A형 강재주탑
• 위 치 : 스페인, Valencia	• 준공년도 : 1993년

4-3. Aire du Jura Bridge

· 본 교량은 프랑스의 리옹(Lyon)과 돌(Dole)을 연결하는 A39 고속도로를 횡단하는 주경간 60m, 측경간 20m의 총연장 80m인 2경간 연속 사장교로서 Arlay에 위치한 Jura 휴게소 진·출입을 위한 기능의 교량이다.

· 역Y형의 콘크리트 주탑상단과 측경간측으로 3줄의 Back Stay Cable이 교대후방 중앙에 위치한 Anchor Block에 정착되어 있고 주경간측으로는 각 7줄의 Cable이 콘크리트 교량 상부 좌·우측으로 정착되어 있다.

• 구조형식 : 2경간 연속 PSC 사장교	• 가설공법 :
• 교량연장 : 20+60=80	• 폭 :
• 상부구조 : PSC 구조	• 주탑구조 : RC구조 역Y형주탑
• 위 치 : 프랑스, Arlay	• 준공년도 : 1998년

4-4. Rama Ⅷ Bridge

· Rama Ⅷ교는 세계최대의 역Y형 주탑 비대칭 사장교로서 태국의 방콕과 톤부리(Thonburi) 사이의 Chaophraya강을 횡단하는 교량이다.

· 본 교량은 총연장 475m 비대칭 사장교로서 높이 160m의 역Y자형 주탑을 갖는다. 주탑 정점부에는 연꽃봉우리를 모티브로 한 높이 15m로 된 전망대가 유리를 끼워 설치되어 있다. 경간구성은 300m 주경간부(강과 콘크리트 합성 거더)와 2@50m=100m의 측경간부(콘크리트 거더) 75m의 앵커리지부(콘크리트 거더)로 구성된 복합교이며, 강거더와 콘크리트 거더 접합부는 주탑 끝에서 동쪽으로 약 10m 강쪽에 위치한다.

· 주경간부의 보강거더는 형고 1.6m의 2주형 강거더이며 상판은 프리캐스트 판넬을 적용하였다. 주거더 하면에는 경관적 관점에서 섬유 보강 판넬 설치하였으며 판넬과 주거더 하면과의 사이는 점검, 유지관리를 위한 공간으로 사용된다. 주경간부의 케이블은 양단의 강거더에 56줄이 정착되어 있으며, 앵커리지부측의 케이블은 중앙분리대에 일면으로 28줄이 설치되어 총 84줄이 배치되어 있다.

- 구조형식 : 비대칭 복합 사장교
- 교량연장 : 175+300=475m
- 상부구조 : 강합성구조 (H=2.4m)
- 위　　치 : 태국, Bangkok
- 가설공법 : 캔틸레버 공법
- 폭 : 29.0m
- 주탑구조 : PSC구조 역Y형주탑 (H=163m)
- 준공년도 : 2002년

· 측경간부는 2@50m=100m로 구성되어 있으며, 10×2.5m의 상자형 단면을 가진 PC박스 거더교이다. 앵커리지부는 지간 75m로서 폭 10m×높이 9m의 콘크리트 박스 거더 단면으로 구성된다.

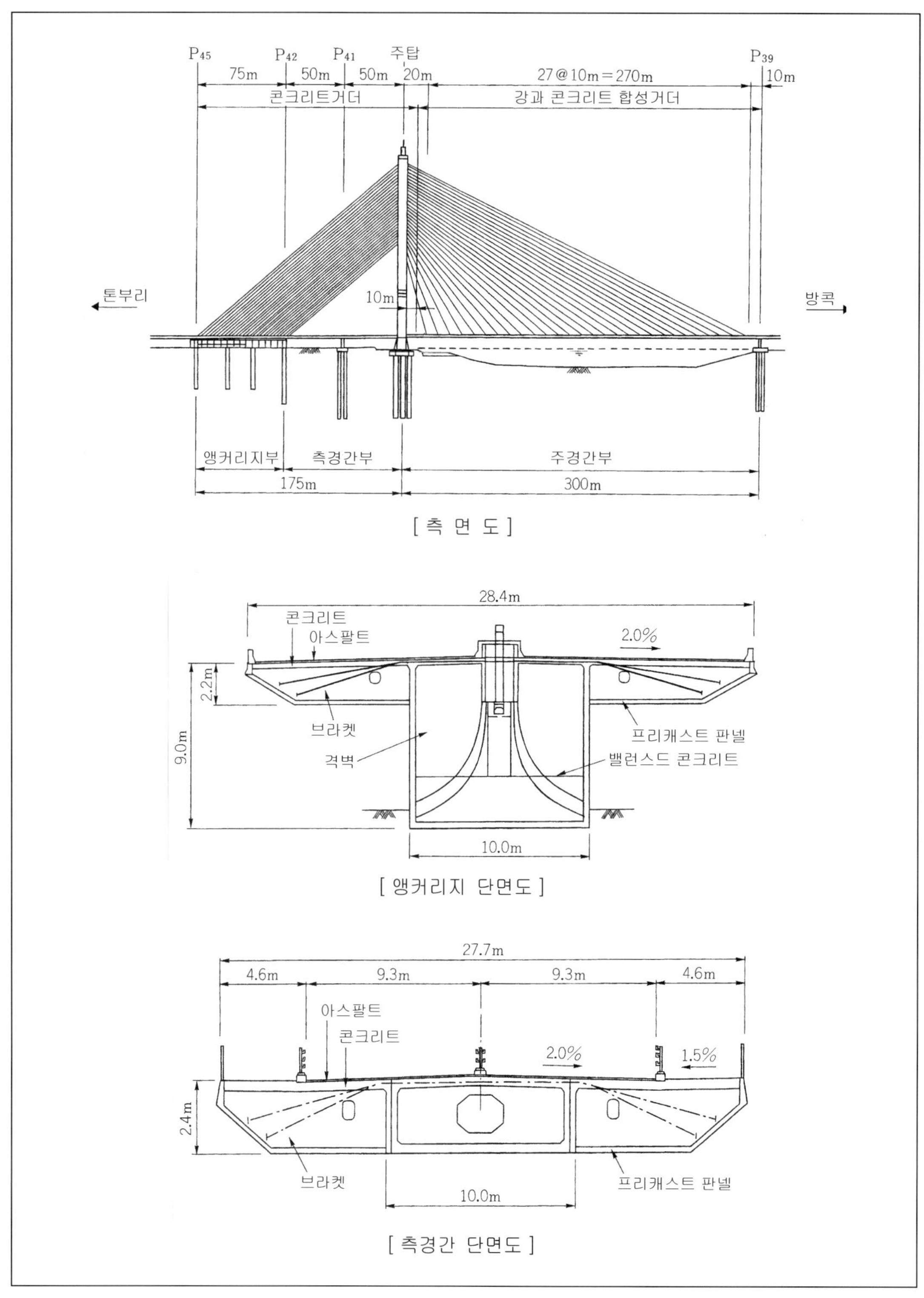

[측 면 도]

[앵커리지 단면도]

[측경간 단면도]

4-5. Boyne Bridge

· Boyne교는 아일랜드 공화국 동북부 Boyne강 하구 부근의 항구도시인 드로에다(Drogheda) 서쪽 약 3km에 있는 Boyne강을 횡단하는 총연장 352.5m, 교폭 34.5m의 비대칭 사장교이다.

· 본 교량은 6경간 연속교로서 측경간 42.5m와 주경간으로서 사재 케이블 설치 구간인 170m 그리고 45.0m, 40.0m, 30.0m, 25.0m로 경간 구성이 되어 있다.

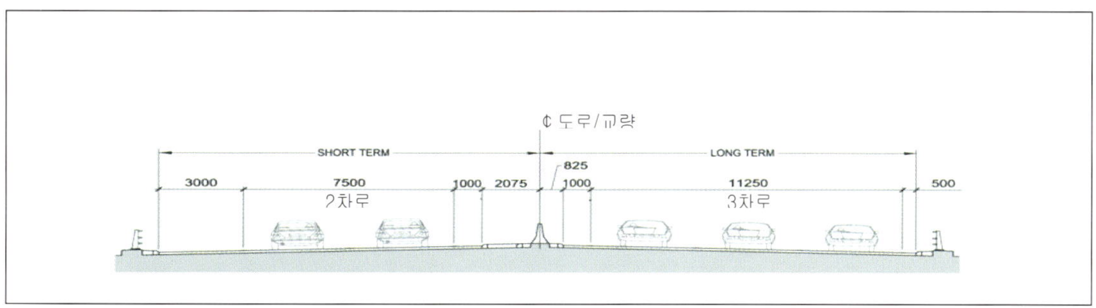

- 구조형식 : 6경간 연속 비대칭 사장교
- 가설공법 : 캔틸레버공법+압출공법
- 교량연장 : 352.5m, 주경간장 : 170m
- 폭 : 34.5m
- 상부구조 : 강합성형(H=2.92m)
- 주탑구조 : RC구조 역Y형주탑(H=95m)
- 위 치 : 아일랜드, Drogheda
- 준공년도 : 2003년

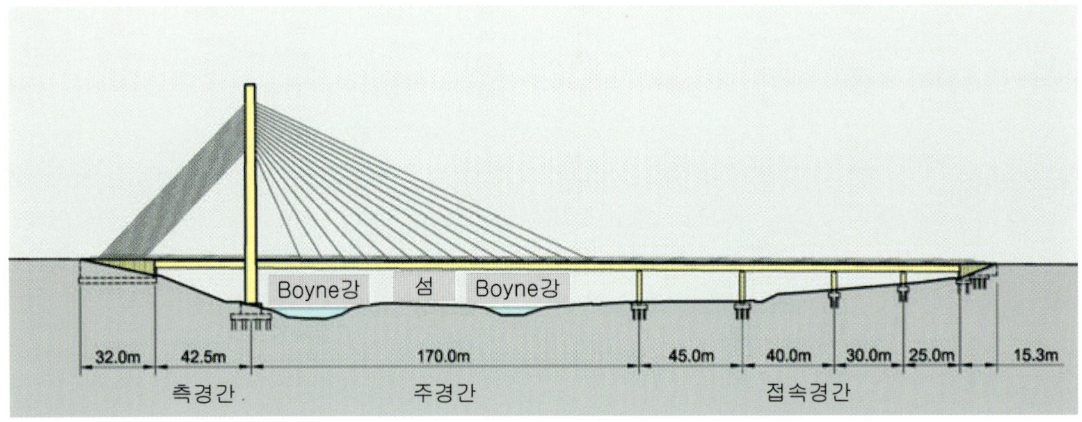
Boyne강
섬
Boyne강
32.0m
42.5m
170.0m
45.0m
40.0m
30.0m
25.0m
15.3m
측경간
주경간
접속경간

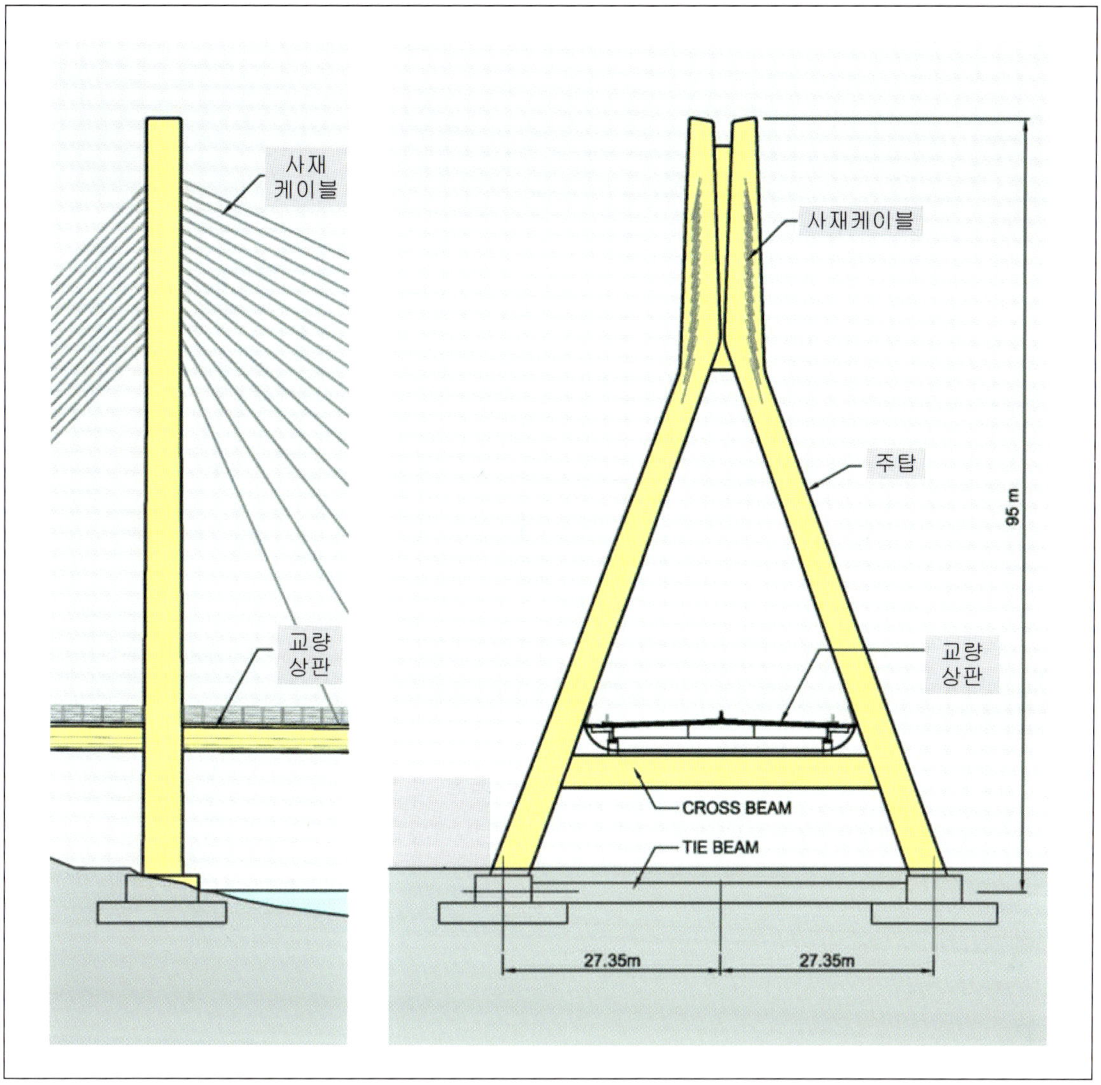

사재
케이블
교량
상판
사재케이블
주탑
95 m
교량
상판
CROSS BEAM
TIE BEAM
27.35m
27.35m

케이블
강판
평 면
케이블
강판
측 면

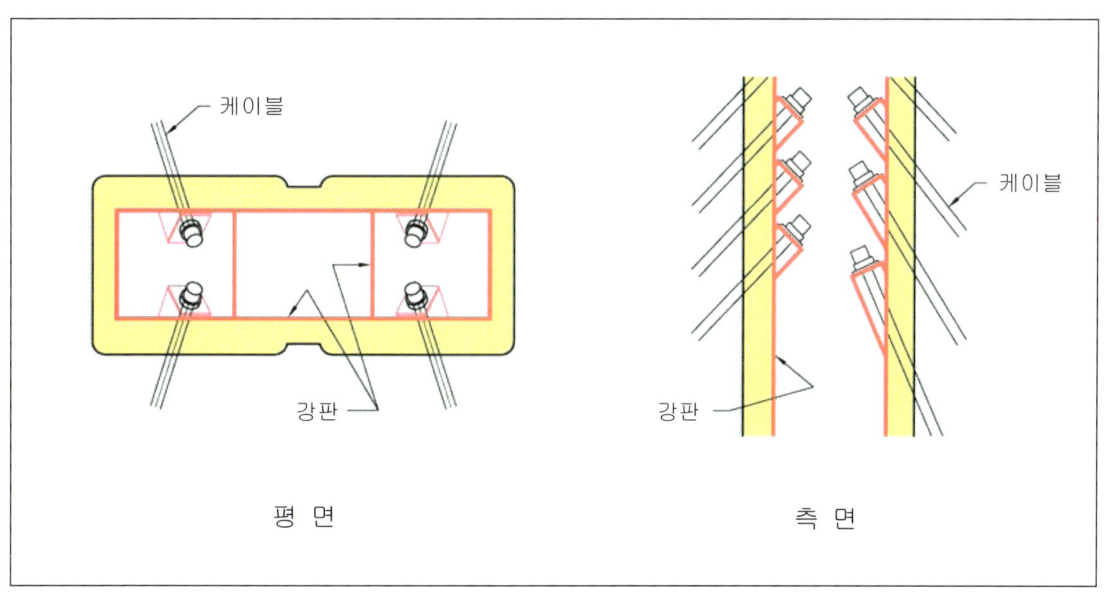

· 교량 폭원은 11.5m와 12.75m의 도로 포장폭을 가진 양방향 차로로서 폭이 좁은 쪽은 3.0m의 갓길, 3.75m의 2개차로, 중앙쪽은 1.0m의 길어깨로 구성되며 넓은 쪽은 중앙분리대 구간의 폭을 감소시키고 갓길을 0.5m로 하여 3개 차로로 운용된다.

· 주탑은 역Y자 형식의 내부가 비어있는 직사각형 단면, 철근콘크리트 구조로서 확대기초 상면으로부터 약 95m 높이이며, 주탑기둥 단면의 크기는 기둥하단에서 5.0m×4.8m, 주탑두부하단에서 4.2m×3.8m로 위로 올라갈수록 점점 작아지고 있다.

· 사재 케이블은 주탑두부의 내부에 정착되며 작업원 및 설치장비가 주탑두부상단까지 기둥의 내부공간을 통하여 접근이 가능하다.

· 2개의 횡방향으로 경사진 주탑기둥은 보강거더하면에서 내부가 비어있는 콘크리트 Cross Beam으로 연결되어 있으며 2개의 교량 받침이 설치되어 있고 기둥하단 간에도 4.0m×2.5m 크기의 프리스트레스트 콘크리트 Tie Beam으로 연결되어 있다. 이렇게 함으로서 2개 기둥의 수평력에 대해 평형을 이루며 말뚝기초에 작용하는 수평력을 제한한다.

· 주탑의 기초형식은 지름 1.5m의 콘크리트 현장타설 말뚝으로 기둥당 16본이 설치되어 있다.

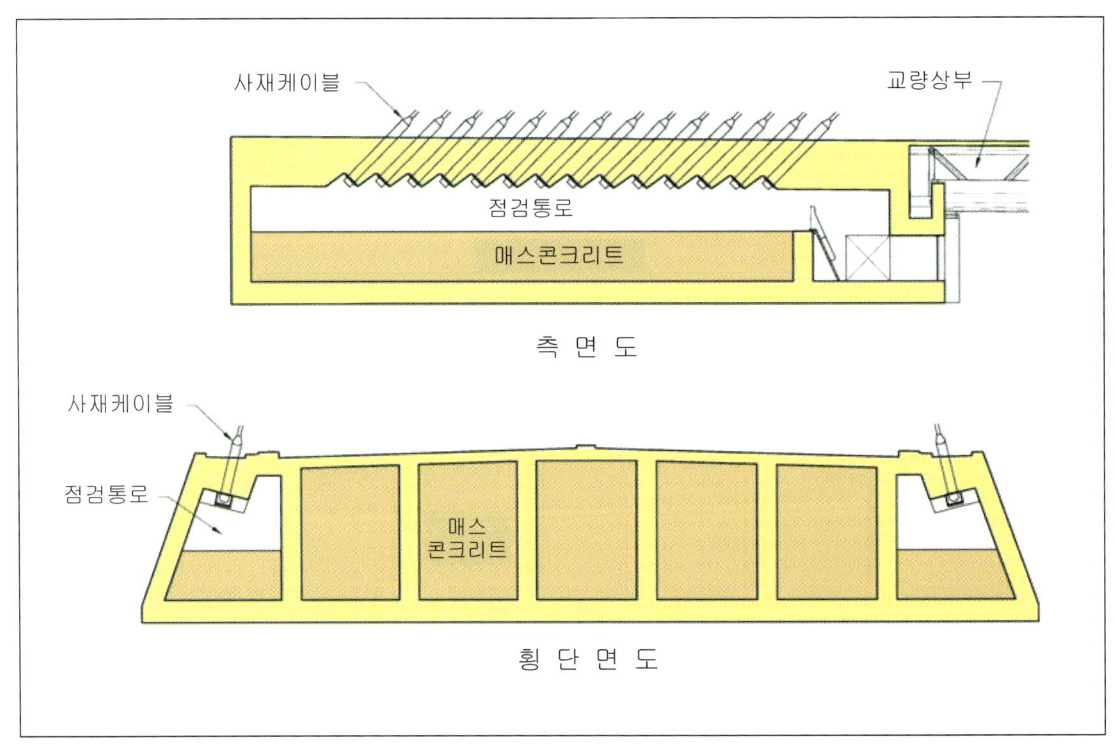

· 본 교량의 좌측 교대는 Back Stay Cable의 Counter Weight 역할을 하는 기능을 가지고 있으며 그 크기는 32.6m×41.0m×7.5m로서 다중 Box 형식의 철근콘크리트 구조이다. 내부의 대부분은 매스 콘크리트로 채워져 있으며 케이블 정착부 설치 및 유지관리를 고려하여 외부에서 접근과 보강거더 내부로 접근을 위한 통로가 설치되어 있다.

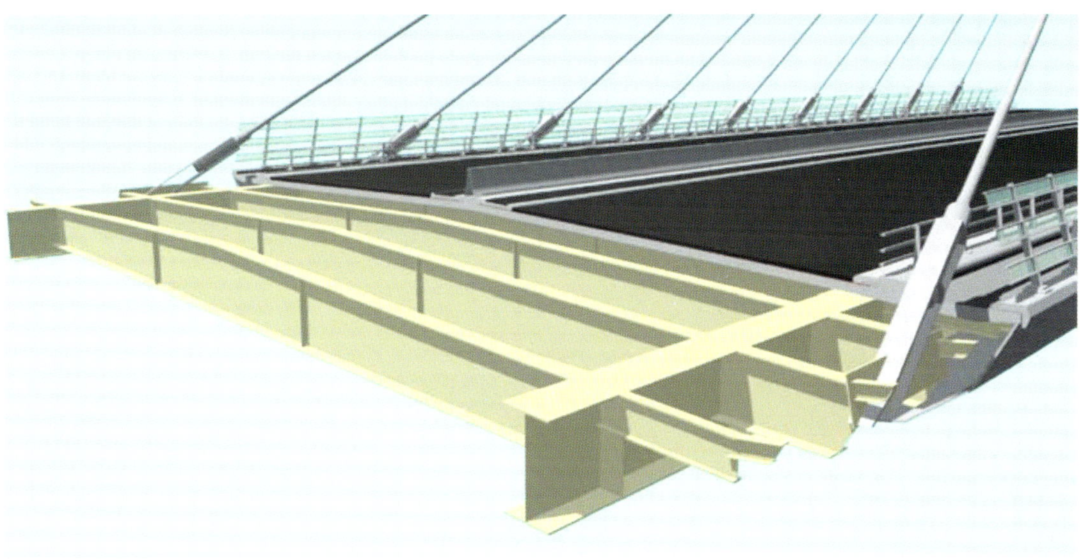

· 보강거더는 강합성 구조로서 2개의 종방향 PLATE 거더와 3.33m 간격의 가로보로 구성되어 있으며 종방향거더의 높이는 주경간과 측경간에서 1.75m이고, 접속경간에서는 2.4m이다.

· 강과 합성으로 거동하는 23cm 두께의 철근콘크리트 바닥판 슬라브는 반영구 거푸집으로서 프리캐스트 판을 사용하여 시공되었다.

· 바람이 세게 불 경우, 옆면이 높은 차량의 전도 위험을 방지하고 운전대 조작의 안전성을 확보하기 위하여 교량 상부 측면에 2.1m 높이의 바람막이를 설치하였다. 이 바람막이는 사재 케이블 경사와 조화되는 20° 각도의 경사로 설치되었으며 3개의 투명한 폴리카보네이트(POLY CARBONATE) 판넬이 부착되어 있다.

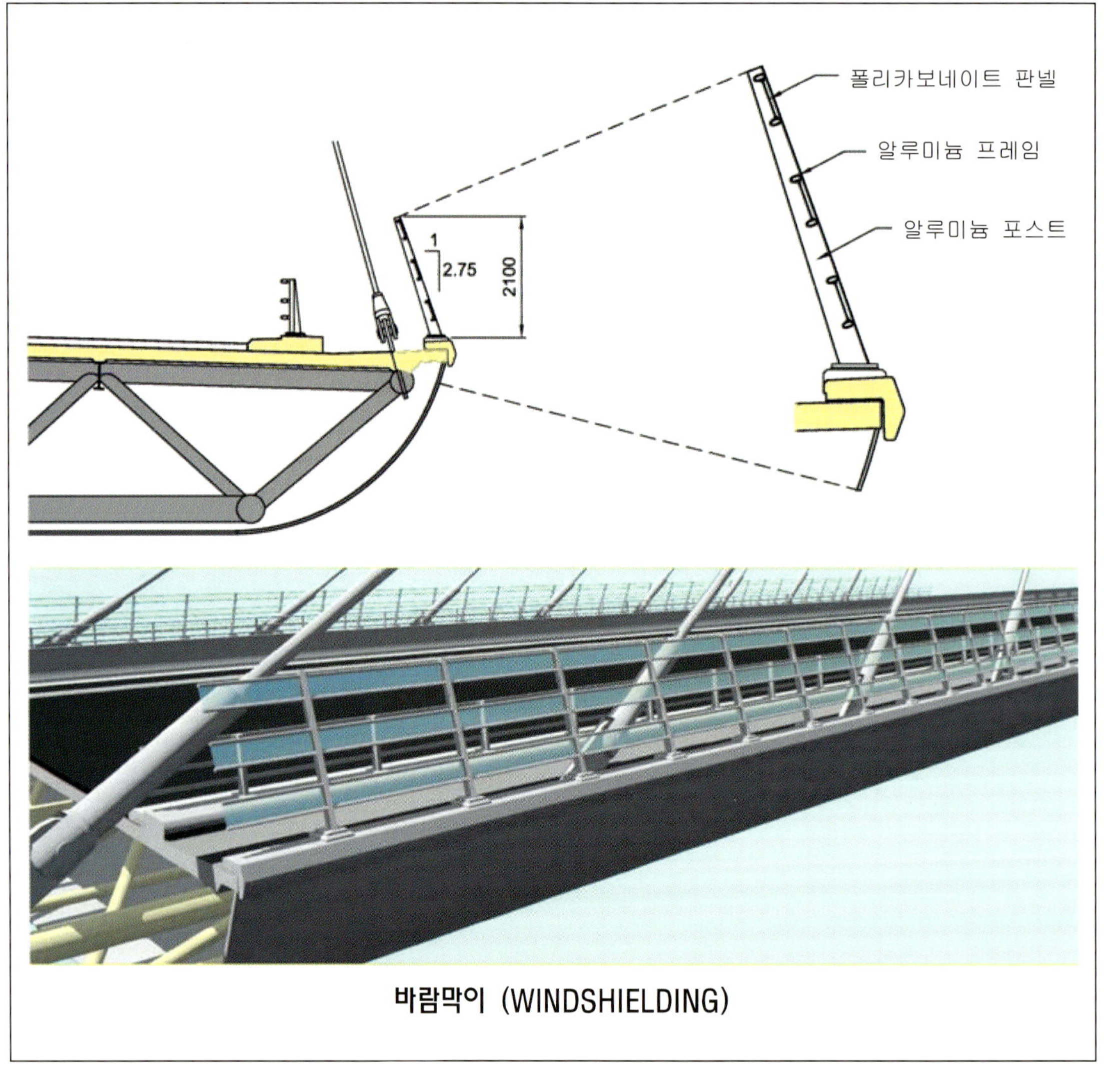

바람막이 (WINDSHIELDING)

· 주경간은 바닥판 양편에 있는 각 14줄의 사재 케이블에 의해 지지된다. 케이블은 주탑 상단부터 Semi-Harp 형상으로 주탑과 첫 번째 케이블 사이는 25m 떨어져 10m 간격으로 바닥판 양단에 정착되어 설치되어 있으며 주경간 끝에서부터 17.5m 떨어져 있다.

· 측경간 Anchorage 교대 양편에 정착되어 있는 Back Stay Cable의 숫자는 주경간 케이블과 동일하다.

4-6. Taney Bridge

· 본 교량은 아일랜드 더블린시에 있는 경전철노선(Dublin Light Rail Transit System Luas)의 철도교량으로 더블린시에서 가장 혼잡한 도로중의 하나인 Taney 교차로를 25° 각도로 가로질러 건설된 우아하고 날씬한 프리스트레스트 콘크리트 비대칭 사장교로서 William J. dargan Bridge 또는 Luas Bridge라고도 불리운다.

· 교차로 상의 충분한 형하공간을 확보하고 공사중 교통방해를 최소화 할 수 있으며 경전철노선의 공사비 절감을 고려하여 가능한 철도의 노선을 낮게 유지함이 필요하였다. 이에 따라 보강거더의 형고가 1.325m로 매우 낮은 캔틸레버 가설 공법에 의해 시공되는 고강도(65MPa)의 프리캐스트 보강거더 형식의 사장교를 채택하게 되었다.

· 또한 교량 하단 교차로 상에서 통행하는 사람들에 대한 미적인 측면을 고려하여 거더하면을 곡면처리하여 날렵함을 강조하였다.

- 구조형식 : 4경간 연속 PSC 비대칭 사장교
- 가설공법 : 캔틸레버 공법
- 교량연장 : 185.5m, 주경간장 : 108.5m
- 폭 : 13.4m (경전철)
- 상부구조 : PSC슬래브 (프리캐스트세그먼트 H=1,325m)
- 주탑구조 : RC구조 역Y형주탑 (H=50m)
- 위 치 : 아일랜드, Dublin
- 준공년도 : 2002년

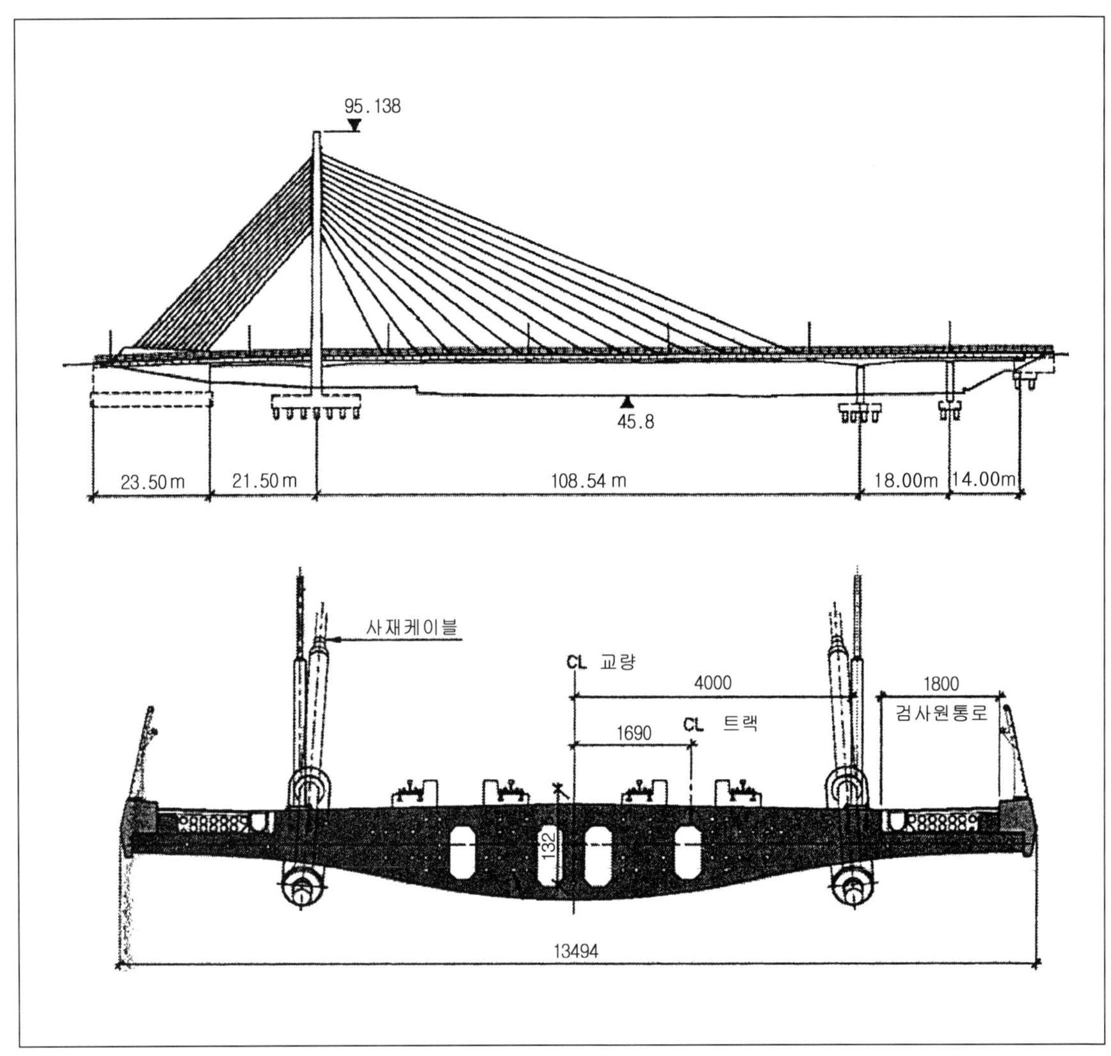

· 경간구성은 21.5m, 108.5m, 18.0m, 14.0m의 4경간 연속교로서 길이 23.5m의 Back Stay Cable 앵카교대부를 포함하여 교량의 총길이는 185.5m이며 13.4m 폭의 보강거더는 50m 높이의 철근콘크리트 주탑으로부터 13쌍의 사재 케이블에 의해 지지된다.

· Back Stay Cable 앵카교대의 수평력과 보강거더로부터 전달되는 Fore Stay Cable의 수평력 상쇄를 고려하여 앵카교대와 보강거더를 고정시키는 단일체로 하였으며 주탑과 교각 1, 2 그리고 우측교대는 수직으로만 지지되도록 하였다. 이러한 배치는 간단한 지지구조를 유도하고 철도 승객에게 개선된 승차감을 제공한다.

· 본 교량의 설계하중은 트랙당 25kN/m의 등분포 하중을 적용하였고 지진계수는 1.5로 하였다. 설계기준은 BS5400, Part 4.에 의하였으며 기준에 포함되어 있지 않은 극한 상태에서의 케이블에 작용하는 선행하중처리 케이블과 보강거더 그리고 주탑 사이의 온도차, Cable-Out 시나리오, 진동 등을 고려하였다.

· 보강거더와 주탑의 재료는 콘크리트를 적용하여 바람과 교량을 통과하는 전철로 인해 발생하는 진동을 감쇠하고 구조물의 mass damping에 기여할 수 있도록 하였으며 고로 슬래그 미분말을 혼합하여 수화열을 감소시키고 구조물의 내구성을 개선시키며 콘크리트 면을 밝게 하도록 하였다.

· 경전철의 전력은 열차에 의해 반환경로(return path)를 가진 직류 750볼트의 전선에 의해 제공된다. 이러한 직류 시스템은 구조물 부재에 바람직하지 못한 표류전류(stray current)를 유도할 수 있으므로 이런 영향을 줄이기 위해 절연 레일 패드(insulating rail pad) 설치, 집전기 매트(collector mat) 형성, 에폭시코팅 등의 다중 방지 시스템을 적용하였다.

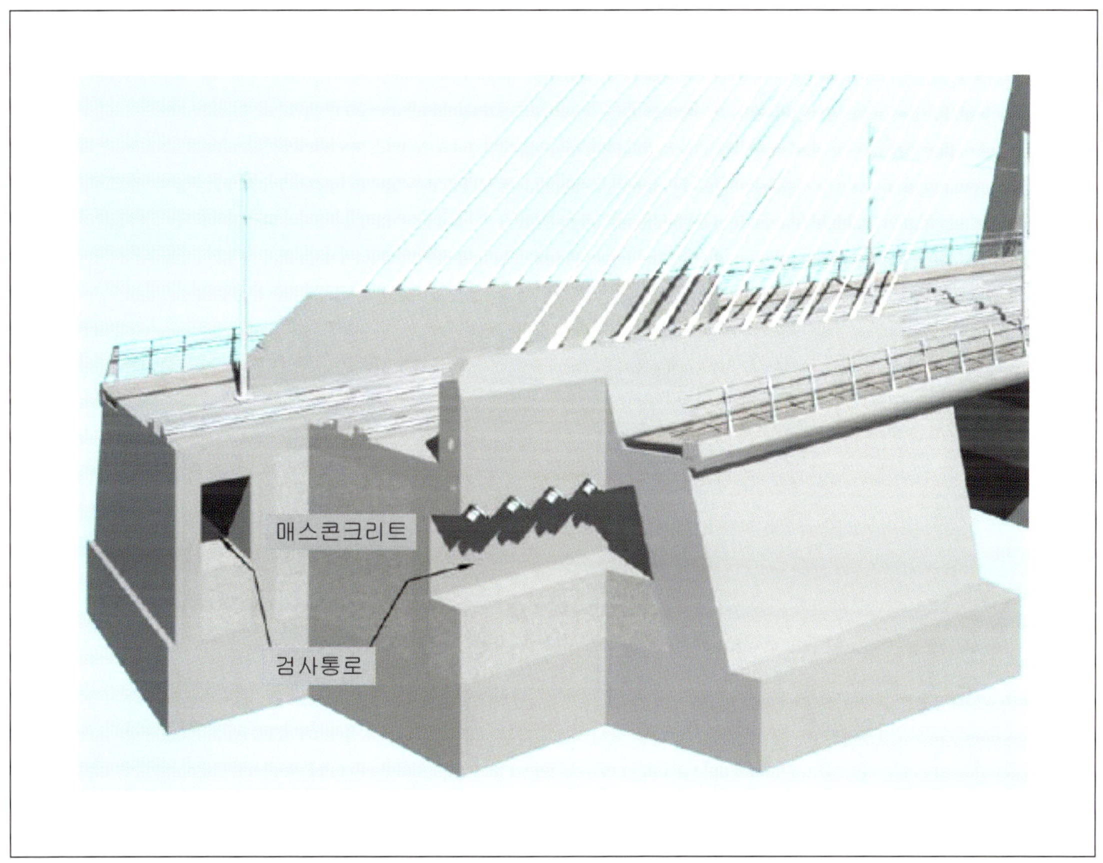

· 교량 시점부의 지형여건에 따라 주탑 좌측으로 짧은 측경간이 필요하며 모든 Back Stay Cable은 Anchorage 교대에 정착되었다. Stay Cable 힘의 수평력은 보강거더를 통하여 평형을 이루고 수직력은 교대 자체의 중량으로 저항한다.

· 교대는 매스 콘크리트로 채워지고 확대기초로 지지되는 철근콘크리트 구조로서 사재 케이블의 인장 및 재인장 또는 점검을 위하여 Back-Stay Anchorage까지 접근할 수 있는 통로가 설치되어 있다.

LUAS

· 주탑의 크기와 형상은 미적인 면을 우선하여 계획하였다. 이에 따라 주탑기둥에 내부공간이 없는 중심단면의 세장한 기둥과 주탑두부 외부에 케이블을 정착시키는 방식을 채택하였으며 미적인 이유와 사재 케이블에 의해 발생하는 비틈강성을 강화하기위해 역Y형 형상으로 계획하였다.

· 주탑부 보강거더의 하면부는 지면과 매우 근접함에 따라 전면 벽체로 하였으며 벽체 상단 두 개의 교량받침이 놓이는 위치는 받침의 교체, 점검이 용이하도록 적절한 공간을 두었다.

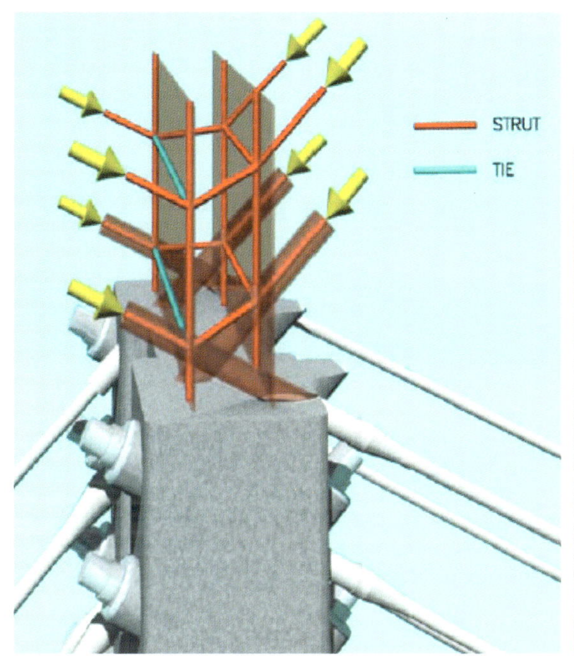

· 주탑두부 케이블 정착부는 높은 국부 인장력이 유발되는 곳으로 Strut-and-tie model에 의해 검토하여 강판을 보강, 인장력에 저항토록 하였다. 정확한 케이블의 배치 및 정착을 위해 강판과 강관을 공장에서 용접·제작하여 현장에서는 단지 높이 조절만 필요하도록 하였다.

· 주탑의 기초는 큰 하중의 작용과 소음, 진동을 최소화하기 위하여 화강암에 근입하는 직경 800mm의 현장 타설 콘크리트 말뚝 55본을 설치하였다.

· 보강거더는 시점측의 측경간부와 종점측의 접속경간부는 동바리공법에 의해 프리캐스트 세그먼트를 조립하였고 이외의 주경간부는 캔틸레버 공법에 의해 조립·가설하였다. 프리캐스트 세그먼트는 길이 3.5m로서 급속히 조립하여 교차로 교통흐름의 방해를 최소화시키기 위해 shot-line match-casting 공법에 의해 제작되었으며 세그먼트간의 연결은 에폭시접착제와 지름 40mm의 프리스트레스 강봉 및 strand prestressing tendon에 의해 시행하였다.

프리캐스트 몰드

GRAHAM
GRAHAM

4-7. Ayunose Bridge

· Ayunose 대교는 일본 Kumamotto현의 Midorikawa 하천 상류의 깊이 140m의 계곡을 횡단하는 교량으로서 고교각 위에 타워를 배치한 프리스트레스트 콘크리트 사장교와 V자형 교각의 라멘교를 조합한 주경간장 200m, 총연장 390m의 독창적인 특수 형식 교량이다.

· 계곡 사이의 공간과 조화시키기 위해 주황색 사장 케이블, 주탑 교각의 세로 줄무늬, 원호형상의 Cable 정착 횡거더를 채택하였다.

· 라멘교의 상부에 횡거더는 없지만 사장교의 거더와 형고를 일치시켜 전체적으로 날씬하고 아름다운 거더 형식이 되고 있다.

• 구조형식 : 3경간 연속 비대칭 PSC 사장교	• 가설공법 : 캔틸레버 공법
• 교량연장 : 90+200+100=390m	• 폭 : 11.62m
• 상부구조 : PSC Box Gr. (H=2.0~6.0m)	• 주탑구조 : RC구조 역Y형주탑 (H=70m)
• 위 치 : 일본, Kumamoto	• 준공년도 : 1999년

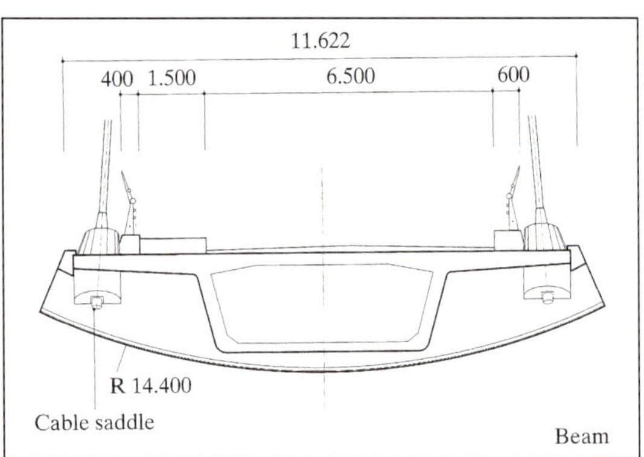
11.622
400
1.500
6.500
600
R 14.400
Cable saddle
Beam

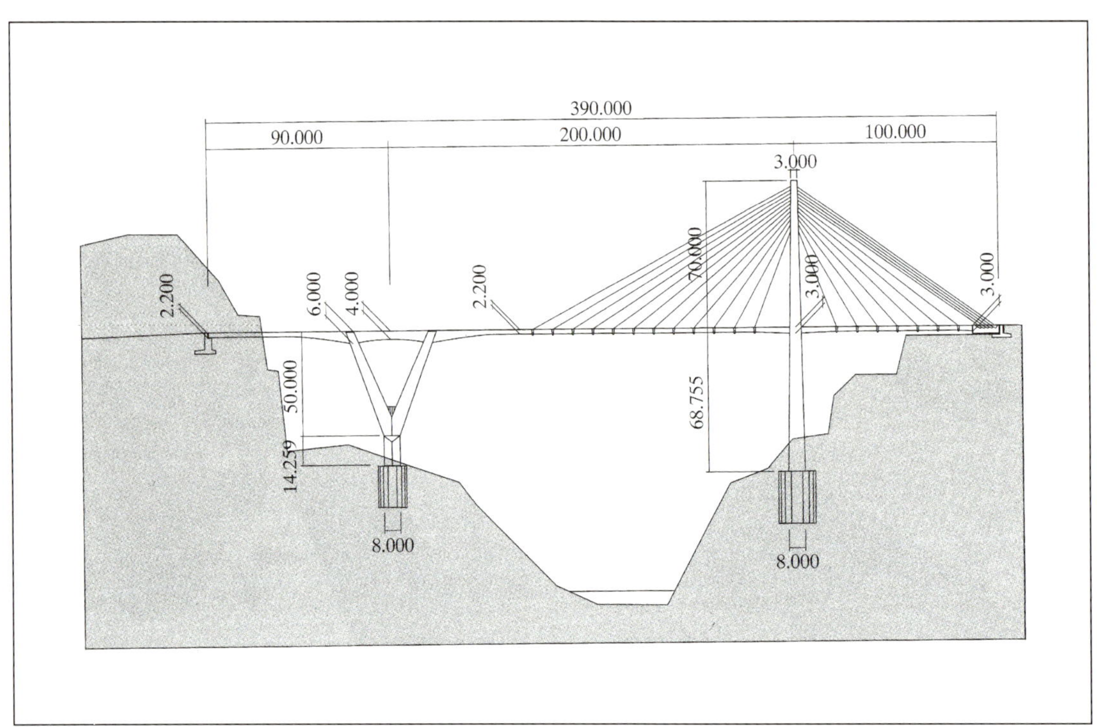
390.000
90.000
200.000
100.000
3.000
70.000
3.000
3.000
2.200
6.000
4.000
2.200
50.000
14.259
68.755
8.000
8.000

4-8. Dubrovnik Bridge

· 본 교량은 크로아티아 달마시아 해안에 있는 항구도시이며, 최대 관광지인 두브로브니크 (Dubrovnik) 근처에 있는 교량으로서 A형 주탑(콘크리트, 강합성)의 사장교와 T형의 프리스트레스트 콘크리트 라멘교가 혼합되어 형성된 총연장 481m의 교량이다.

· 경간은 87.35m, 304.05m, 90.0m의 3경간으로 구성되어 있으며 첫 번째 경간인 87.35m를 포함한 147m 구간은 Psc Box 거더의 라멘교로서 교각 높이는 52m이며 폭은 12.7m이다.

· 사장교 구간의 주탑은 철근콘크리트 구조로서 높이는 141.5m이고 길이는 측경간 90m를 포함하여 334m, 폭은 17.85m로서 콘크리트 상판의 강합성 거더 구조이다. PSC 라멘교의 교각에서 주경간측으로 59.85m지점이 사장교와 접속, 게르버보식으로 지지 연결되어 있다.

• 구조형식 : PSC라멘교+사장교	• 가설공법 : 캔틸레버 공법
• 교량연장 : 481m, 주경간장 : 304.05m	• 폭 : 12.7m, 17.85m
• 상부구조 : PSC Box+콘크리트 강합성	• 주탑구조 : RC구조 역Y형주탑(H=141.5m)
• 위 치 : 크로아티아, Dubrovnik	• 준공년도 : 2001년

4-9. Chuuou Bridge (中央大橋)

· 본 교량은 일본 동경시의 Shinkawa와 Tsukishima간의 Siumida천을 횡단하는 총길이 210.7m의 교량으로 주경간장 138.5m, 측경간장 72.2m인 2경간 연속 강상판상형 사장교이다.

· 교량의 폭원은 25m이며 대부분의 교량구간에 200m의 평면 곡선이 설치되어 있으며 X자 모양의 강재주탑과 8단 32줄의 사장케이블이 보강거더 양측에 설치되어 있다.

• 구조형식 : 2경간 연속 강사장교	• 가설공법 :
• 교량연장 : 138.5+72.2=210.7m	• 폭 : 25.0m
• 상부구조 : 강상판상형	• 주탑구조 : 강구조 역Y형주탑
• 위 치 : 일본, 동경시	• 준공년도 : 1992년

4-10. Jackfield Bridge

· Jackfield교는 영국 Ironbridge Gorge의 Severn강을 횡단하는 교량으로서 교량의 폭은 11.6m이고 경간장은 57.6m, 형고 1.0m, 주탑의 높이 30m인 단경간 비대칭 강합성 사장교이다. 상부구조는 양측에 설치된 70cm 높이의 종방향 Plate 거더에 2.4m 간격의 횡방향 Beam, 그리고 20cm 두께의 RC슬래브 상판인 강·콘크리트 합성구조이다.

· 주탑은 콘크리트가 채워진 콘크리트 강관구조이며 Fore Stay Cable과 Back Stay Cable은 좌우측 각 4줄로 되어 있다. 주탑 기초부와 Back Stay Cable Anchor Block 기능의 교대는 철근콘크리트 Box 구조로 연결되어 있다.

· 전방의 교량 받침은 수직하중을 받는 기능이고 후방의 받침은 수평하중 및 수직하중과 회전이 가능하도록 회전형 고정받침을 거더 단부와 교대 흉벽 사이에 설치되어 있다.

• 구조형식 : 단경간 비대칭 사장교	• 가설공법 : 캔틸레버 공법
• 교량연장 : 57.6m	• 폭 : 11.6m
• 상부구조 : 강합성형	• 주탑구조 : 강관구조 H형주탑 (H=30m)
• 위 치 : 영국, Ironbridge Gorge	• 준공년도 : 1994년

• 그 밖에 A형, 역Y형 수직주탑 사장교

제 5 편 양면, H형 경사주탑 사장교

5-1. Hispanoamerica Bridge (스페인, 1999)

5-2. Mastenbroek Bridge (네덜란드, 1998)

5-3. Vittorio Sora Bridge (이탈리아, 1990)

5-4. Sixth street Bridge (미국, 2002)

5-5. Gilly Bridge (프랑스, 1990)

5-6. Oxford Bridge (프랑스, 1991)

5-7. Schaffhausen N4 Rhine Bridge (스위스, 1995)

5-1. Hispanoamerica Bridge

· 스페인 북서부 카스티야레온(Castilla-Leon) 지방 주도인 바야돌리드(Valladolid)의 부르고스 남서쪽으로 피수에르가(Pisuerga)강에는 높이가 약 41m 정도 되는 삼각형 모양의 콘크리트 주탑 사장교가 위치하고 있다.

· 강을 가로지르는 주경간은 120m이며 측경간은 주경간과 균형을 이루는 36m이다. 34.6m 광폭의 상부구조는 두 개의 종방향 프리스트레스트 콘크리트 박스거더와 9m 간격의 횡방향 강 트러스, 18cm 두께의 콘크리트 상부 슬래브로 구성되어 있다.

· 각 10줄의 Fore Stay Cable이 교량 양면으로 배치되어 있으며 기존의 Back Stay Cable에 대체하기 위해 착안되어 압축력이 도입된 삼각형 주탑의 프리스트레스트 콘크리트 Back Stay 부재는 증가된 축강성 때문에 주경간에서 활하중에 의한 최대 휨모멘트를 약 20% 정도 감소시켰다.

• 구조형식 : 복합 비대칭 사장교	• 가설공법 : 캔틸레버 공법
• 교량연장 : 36+120=156m	• 폭 : 34.6m
• 상부구조 : 복합구조	• 주탑구조 : PSC구조 경사2주형주탑 (H=41m)
• 위 치 : 스페인, Valladolid	• 준공년도 : 1999년

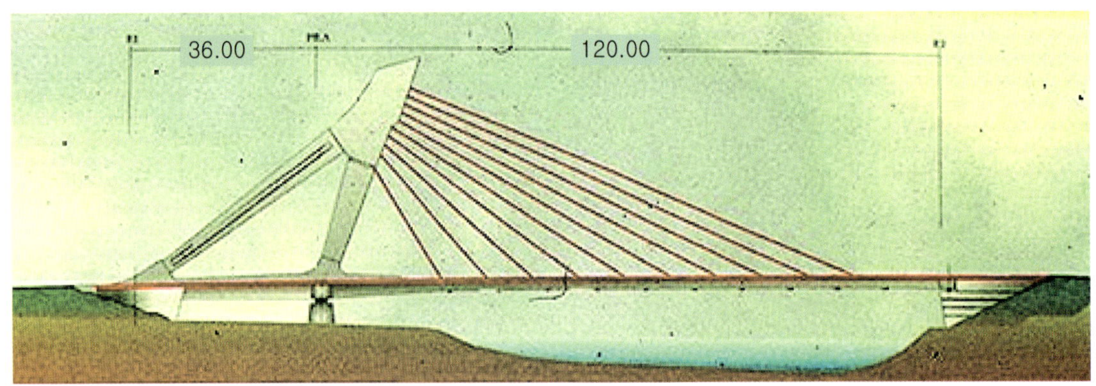
36.00
120.00

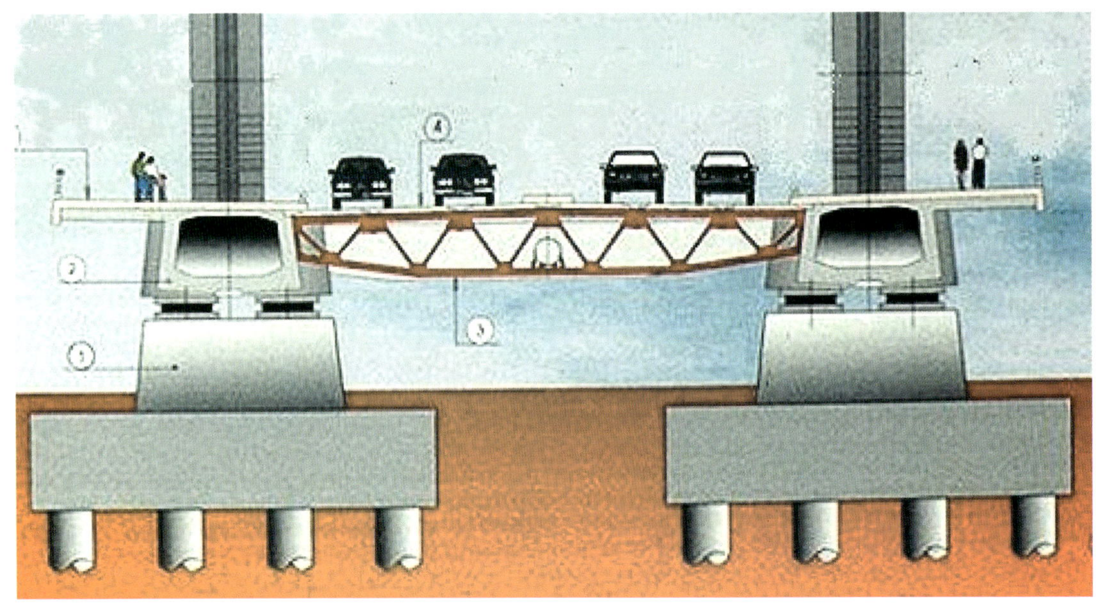

5-2. Mastenbroek Bridge

· 네덜란드 중부 오베레이셀루(Overijssel)주의 주도인 즈볼레(Zwolle)시 연변 에이셀(IJssel)강에 위치한 본 교량은 새의 날개와 같은 형상으로 생긴 43.35m 높이의 철근콘크리트 주탑 비대칭 사장교가 있다.

· 교량의 총길이는 195m로서 주경간장 56m, 선박 통행을 위한 도개교 구간 18m가 포함되어 있으며 교폭은 17.5m이다.

· 본 교량은 Back Stay Cable이 설치되어 있지 않는 교량으로서 주탑의 자중과 경사각도, 그리고 Harp형으로 배치된 양면 각 5줄의 Fore Stay Cable에 의해 거더를 지지한다.

• 구조형식 : 비대칭 사장교	• 가설공법 :
• 교량연장 : 195m, 주경간장 : 56m	• 폭 : 17.5m
• 상부구조 :	• 주탑구조 : RC구조(H=43.35m)
• 위 치 : 네덜란드, Zwolle	• 준공년도 : 1998년

5-3. Vittorio Sora Bridge

- 이탈리아 북서부 롬바르디아 자치주에 있는 도시인 크레모나(Cremona) Oglio강을 횡단하는 Vittorio Sora교는 주경간장이 70m이고 총연장이 106.5m인 사장교이다.
- 상부 형식은 형고가 1.25m인 강과 콘크리트의 합성구조로서 폭은 13.5m이고 케이블이 정착되는 위치에 강성이 큰 가로보가 설치되어 있다.
- 주탑은 34.8m 높이의 철근콘크리트 구조의 경사주탑이며, 사재 케이블이 정착되는 주탑 정부는 철골구조로 되어 있다.
- 3줄의 Fore Stay Cable은 주경간 양측에 각각 정착되어 있으며 Back Stay Cable은 주탑 후면 별도의 Anchor Block에 정착되어 있다.

• 구조형식 : 2경간 연속 비대칭 사장교	• 가설공법 :
• 교량연장 : 70.0+36.5=106.5m	• 폭 : 13.5m
• 상부구조 : 강·콘크리트 합성구조	• 주탑구조 : 경사형2면 RC구조(H=34.88m)
• 위 치 : 이탈리아, Gremona	• 준공년도 : 1990년

5-4. Sixth street Bridge

· 미국 Wisconsin Milwaukee의 Monomonee강과 South Canal을 횡단하는 곳에는 동일한 형식의 사장교 2개소가 위치하고 있다. 사장교 구간의 경간장은 60m와 35m로 구성되어 있으며 하천의 선박이 통과할 수 있도록 도개교가 사장교와 인접하여 설치되어 있다.

· 교량상부는 폭 17.5m로서 종방향 및 횡방향 포스트텐션 케이블이 배치된 프리스트레스트 콘크리트 슬라브형식이며 주탑은 높이 42.7m의 양면 경사주탑으로 12줄의 케이블이 배치되어 있다.

• 구조형식 : 비대칭 PSC 사장교	• 가설공법 :
• 교량연장 : 38+60=98m	• 폭 : 17.5m
• 상부구조 : PSC 슬라브	• 주탑구조 : RC구조 경사2주형주탑(H=39.6m)
• 위 치 : 미국, Milwaukee	• 준공년도 : 2002년

LONESTAR

5-5. Gilly Bridge

· Gilly교는 프랑스 남동부 이탈리아 국경에 접한 사부아(Savoie)지역의 이제르(Isere)강과 강변 도로를 횡단하는 총연장 167.4m의 2경간 연속 프리스트레스트 콘크리트 사장교이다.

· 측경간 65.4m 구간은 강변도로를 횡단하고 주경간 102m 구간은 이제르강을 횡단하며 주탑은 강변도로와 강 사이에 위치한다. 측경간측 주탑 후면으로 강변도로와 본 교량이 연결되는 램프 교가 접속하여 교량 상에서 사거리 교차로가 형성되어 있다.

· 본 교량의 시공은 강변측 육상부에서 사장교를 미리 완성하여 90° 정도 회전해서 가설하는 회전 가설 공법(Rotation around a vertical axis method)을 채택·시공하였다.

• 구조형식 : 2경간 연속 비대칭 사장교	• 가설공법 : 회전가설공법
• 교량연장 : 65.4+102=167.4m	• 폭 : 12.3m
• 상부구조 : PSC	• 주탑구조 : RC구조 경사A형주탑 (θ=20°, H=33.8m)
• 위 치 : 프랑스, Savoie	• 준공년도 : 1990년

5-6. Oxford Bridge

· Oxford교는 프랑스 남동부 이제르주의 주도인 그르노블(Grenoble)시 중심을 가로지르는 이제르(Isere)강을 횡단하는 H형 주탑의 프리스트레스트 콘크리트 비대칭 사장교이다.

· 교량의 총길이는 188m로서 측경간 68.5m, 주경간 119.5m의 2경간 연속 구조이며 폭은 13.4m이다. 상부는 2개의 포스트텐션빔으로 지지된 콘크리트 슬라브 구조이며 주탑은 측경간 측으로 12° 각도로 경사진 H형상의 철근콘크리트 구조로서 높이는 48m이다.

· 본 교량은 제방측에서 선시공하여 주탑을 중심으로 회전하여 이제르강을 횡단 가설하는 회전가설 공법(Rotation around a vertical axis method)에 의하여 시공되었다.

• 구조형식 : 2경간 연속 비대칭 사장교	• 가설공법 : 회전가설 공법
• 교량연장 : 68.5+119.5=188m	• 폭 : 13.4m
• 상부구조 : PSC 2주형 거더	• 주탑구조 : RC구조 경사H형주탑(θ=12°, H=48m)
• 위　　치 : 프랑스, Grenoble	• 준공년도 : 1991년

5-7. Schaffhausen N4 Rhine Bridge

· 본 교량은 스위스 북부 샤프하우젠(Schaffhausen)시의 라인강(Rhine river)을 횡단하는 총연장 151.76m, 곡선반경 R=280m의 2경간 연속 비대칭 사장교이다.

· 교폭은 19.71m~21.55m이고 26.5m, 125.26m의 2경간으로 구성되어 있으며 일반적인 비대칭사장교의 경우, 주탑이 수직이거나 측경간측으로 기울어져 주경간측 거더를 케이블로 당기는 듯한 구조이나 본 교량의 경우에는 51.5m 높이의 문형 주탑이 주경간측으로 20°의 각도로 기울어져 있다.

· Fore Stay Cable은 6줄이 양면으로 배치되어 있고, Back Stay Cable은 측경간 교대측 Anchor Block에 5줄이 양면으로 정착되어 있다.

• 구조형식 : 2경간 연속 비대칭 사장교	• 가설공법 :
• 교량연장 : 26.5+125.26=151.76m	• 폭 : 19.71~21.55m
• 상부구조 : RC Beam	• 주탑구조 : RC구조 경사문형주탑 (θ=20°, H=51.5m)
• 위 치 : 스위스, Schaffhausen	• 준공년도 : 1995년

제 6 편 양면 수직주탑 사장교

6-1. Knie Bridge (독일, 1969)

6-2. Kamitsuma Bridge (일본, 1990)

6-3. Iwazu Bridge (일본, 1993)

6-4. Twistvlie Bridge (네덜란드, 1999)

6-5. Mario Covas Bridge (브라질, 2002)

6-6. Blautal Bridge (독일, 2002)

6-7. Puget-Theniers Bridge (프랑스, 2005)

6-1. Knie Bridge

· KINE교는 독일의 라인강을 횡단하는 6차로의 고속도로 교량으로서 한쪽 경간이 47.15m와 4@48.75m이며 주경간이 319m로 구성된 비대칭 강사장교로서 전체적인 교량의 모습이 극히 단조롭다.

· 교량바닥판은 전체 폭 28.9m로서 높이 3.35m의 양측 PLATE 거더와 케이블 정착 위치에 가로보가 설치된 직교 이방성판으로서 64m 간격의 4개 케이블이 주탑과 연결되어 지지된다.

· 주탑의 높이는 114m이며 소수의 케이블 설치로 주탑은 상대적으로 적은 휨모멘트만 부담하여 날씬하며 T형단면의 형상으로 인해 더욱 날씬한 감을 주고 있다.

• 구조형식 : 비대칭 강사장교	• 가설공법 :
• 교량연장 : 561.15m, 주경간장 : 319.0m	• 폭 : 28.92m
• 상부구조 : 강합성구조(H=3.35m)	• 주탑구조 : 강구조 수직2주형주탑(H=114.1m)
• 위 치 : 독일, Dusseldorf	• 준공년도 : 1969년

6-2. Kamitsuma Bridge (上妻橋)

· Kamitsuma교는 일본 군마현의 사방천의 40m 깊이의 계곡을 횡단하는 교량으로서 18m+103.7m=121.7m의 경간을 구성하며 폭이 9.75m인 2경간 연속 비대칭 프리스트레스트 콘크리트 사장교이다.

· H형 철근콘크리트 구조인 주탑은 높이가 45.39m이며 각 7줄의 케이블이 주거더 양측에 설치되어 있다.

· 본 교량의 구조계는 거더자중이나 활하중 등에 의한 주경간측 모멘트를 A1교대의 자중에 의해 상쇄시키는 것을 기본으로 한다. A1교대의 카운터 웨이트 효과를 최대한 발휘하기 위해 A1교대는 주탑으로부터 후방으로 분리시켜 거더와 강결되어 있으며 주탑부의 주거더는 가동지지 구조로 되어 있다.

• 구조형식 : 2경간 연속 PSC 비대칭 사장교	• 가설공법 : 캔틸레버 공법
• 교량연장 : 18.0+103.7=121.7m	• 폭 : 10.75m
• 상부구조 : PSC Box Gr. (H=2.2m)	• 주탑구조 : RC구조 수직H형주탑 (H=45.39m)
• 위 치 : 일 본	• 준공년도 : 1990년

· 이에 따라 지진시 거더의 관성력에 대해서 A1교대가 저항하고, 주탑부는 주로 수직력만이 작용하는 구조이기 때문에, 주탑부의 하중 부담을 경감시킬 수 있다. 사재 케이블 배치에 있어서는 수평방향의 강성을 그다지 높게 할 필요가 없으므로, Fore stay cable은 거더를 지지하는 효율이 좋고, A1교대에 정착된 Back stay cable 배치와의 밸런스가 양호한 fan 형태를 채택되었다.

· A1교대의 구조는, 중앙3실의 속채움부, 양측에 사재정착부가 배치되어 있으며, 거더와 강결되어 있다. 사재정착부에는 케이블 삽입이나 점검을 위한 작업실을 설치하고 정착장치가 직접 토사나 물에 접촉되지 않도록 한 구조이다.

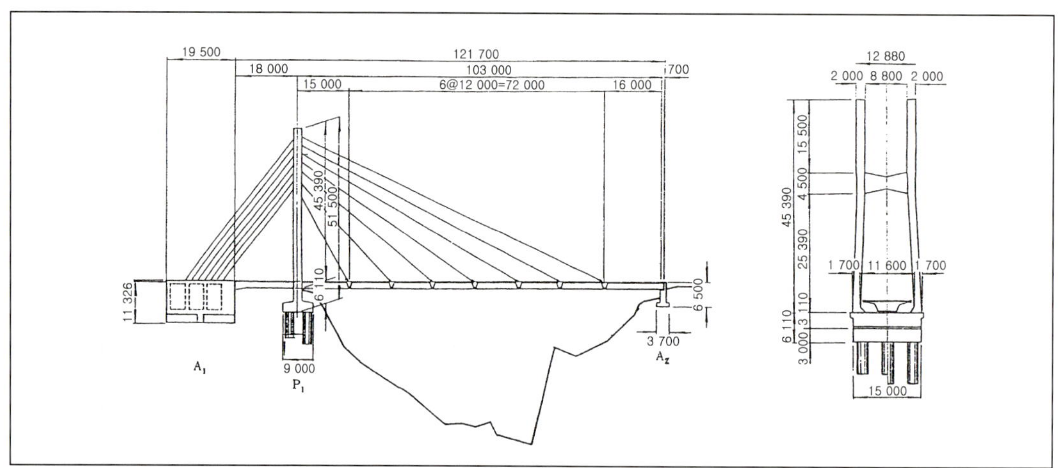

6-3. Iwazu Bridge (岩津橋)

· Iwazu교는 일본 Tokushima의 모시노 천을 횡단하는 교량으로서 보도 2.5m, 2차로의 차도 6.0m를 포함한 교폭 10.25m, 교량길이 175.0m의 단경간 사장교이다.

· 보강거더의 형식은 강상판상형 구조이고 주탑은 55m 높이의 RC구조로서 각 5줄의 Fore Stay Cable이 교량 좌우측으로 설치되어 있고 각 6줄의 Back Stay Cable이 주탑 배면도로 양측의 Anchor Block에 정착되어 있다.

· 본 교량의 가설은 캔틸레버 공법에 의해 시공되었으며 거더 양측 Cable에 정착되는 부위는 삼각형 모양의 부재를 설치하여 바람에 의한 영향을 감소시키고 미관을 향상시킨 것으로 보인다.

• 구조형식 : 단경간 비대칭 강사장교	• 가설공법 : 캔틸레버 공법
• 교량연장 : 175m	• 폭 : 10.25m
• 상부구조 : 강상판형교	• 주탑구조 : RC구조 H형수직주탑 (H=55m)
• 위 치 : 일본, Tokushima	• 준공년도 : 1993년

6-4. Twistvlie Bridge

· Twistvlie교는 네덜란드 지방의 수도인 Zwolle의 Zwartewnter강을 횡단하는 총연장 171m의 교량으로서 2개의 주탑을 가진 112m의 사장교와 28m의 강상판 도개교, 31m의 프리스트레스트 콘크리트교, 3개의 형식으로 구성되어 있다.

· 교량의 폭은 13m이며 보행자들이 강과 교량을 볼 수 있도록 주탑 위치에 보도와 연결하여 발코니시설이 설치되어 있다. 주탑의 케이블 정착부는 주탑 상단에 높이 약 8m의 타원 모양에 구멍이 뚫려 있는 독특한 형상 구조로 되어 있다.

• 구조형식 : 대칭 2경간 연속 사장교	• 가설공법 :
• 교량연장 : 2@56+28+31=171m	• 폭 : 12.9m
• 상부구조 : PSC 슬래브	• 주탑구조 : 강구조 수직2주형주탑 (H=35m)
• 위 치 : 네덜란드, Zwolle	• 준공년도 : 1999년

6-5. Mario Covas Bridge

· 본 교량은 브라질 상파울로 Baixada Santista에 위치한 인터체인지의 램프 교량으로서 폭은 왕복4차로의 27.8m 이며 총길이는 360m이고 본 교량 구간 중 사장교 구간은 170m(2@85m) 이다.

· 상부는 프리스트레스트 콘크리트 세그먼트 공법으로 가설되었으며 상단이 가로보로 연결된 철근콘크리트 주탑의 높이는 56m, 사재 케이블 11줄이 좌우 양면으로 배치되어 있다.

• 구조형식 : 2경간 연속 사장교	• 가설공법 : 세그멘탈 공법
• 교량연장 : 360m, 주경간장 : 2@85m	• 폭 : 27.8m
• 상부구조 : PSC	• 주탑구조 : 수직문형 (H=56m)
• 위 치 : 브라질, 상파울로	• 준공년도 : 2002년

6-6. Blautal Bridge

· 독일 남서부 바텐 부르템베르크(Baden-Wuttemberg)주의 도시인 울름(Ulm)시에는 Kuhberg 지역과 Eselsberg 지역을 연결하는 기능의 고가 도로교가 위치한다.

· 본 교량의 총길이는 685m로서 24경간으로 구성되어 있으며 표준경간장은 29m와 31m로서 형고 1.1m의 프리스트레스트 콘크리트 슬래브 구조이다. 본 구간중 B28연방도로를 횡단하는 경간장 41m 구간은 높이 20m, PSC구조의 주탑이 있는 사장교이다.

• 구조형식 : PSC 사장교	• 가설공법 : 벤트가설공법
• 교량연장 : 685m, 주경간장 : 41.0m	• 폭 : 12m
• 상부구조 : PSC 슬래브(H=1.1m)	• 주탑구조 : 양면수직주탑(H=20m)
• 위 치 : 독일, Ulm	• 준공년도 : 2002년

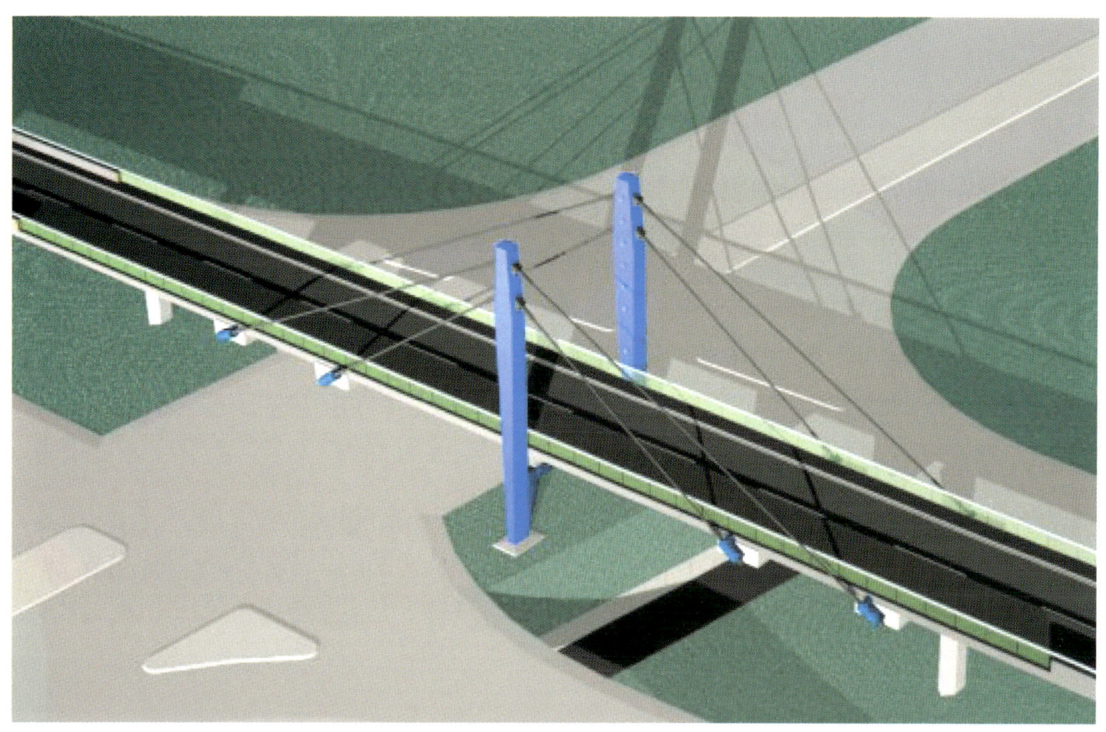

6-7. Puget-Theniers Bridge

- 본 교량은 프랑스 알프스 마리팀(Alps-Maritimes)지방, 쀼제-떼니에(Puget-Theniers)주의 봐르(Var)강을 횡단하는 콘크리트강도 60MPa의 프리스트레스트 콘크리트 비대칭사장교이다.
- 교량의 폭은 17.2m이며 주경간장은 66m, 측경간장은 16m인 2경간 연속 사장교로서 콘크리트 주탑의 높이는 25m이다.
- 주경간은 7줄의 사재 케이블이 양면으로 배치되어 주탑의 두부와 연결되어 지지되고 있으며 측경간 측은 4줄의 사재 케이블이 양면으로 앵카 블럭에 정착되어 있다. 앵카 블럭은 12m 길이의 무거운 콘크리트 BOX구조로서 교량의 균형을 위한 중량물로서의 작용도 하고 있다.
- 보강형의 구조는 22cm 두께의 슬라브와 슬라브를 지지하는 높이 90cm, 폭 2m의 종방향 거더 그리고 3.6m 간격의 가로보로 구성되어 있으며 사재 케이블은 종방향 거더에 7.2m 간격으로 정착되어 있다.
- 본 교량은 제내지에서 제방측을 따라 선시공 한 후, 주탑을 중심으로 90° 회전시켜 가설하였다.

• 구조형식 : 2경간 연속 비대칭 사장교	• 가설공법 : 회전 가설 공법
• 교량연장 : 66+16=82m	• 폭 : 17.2m
• 상부구조 : PSC 거더 (H=112cm)	• 주탑구조 : RC구조, 수직2주형주탑 (H=25m)
• 위　　치 : 프랑스, Puget - Theniers	• 준공년도 : 2005년

Razel

제 7 편 기타 교량

7-1. Neuwied Bridge (독일, 1978)

7-2. Chandoline Bridge (스위스, 1989)

7-3. Grijalva Bridge (멕시코, 2001)

7-4. Milenio Bridge (스페인, 2001)

7-5. Flughafen Bridge (독일, 2002)

7-6. Seri Saujana Bridge (말레이시아, 2002)

7-7. Rion-Antirion Bridge (그리이스, 2004)

7-8. Millau Bridge (프랑스, 2005)

7-9. New Mississippi River Bridge (미국, 2010)

7-1. Neuwied Bridge

· 독일의 Neuwied에 있는 본 교량은 라인강의 두 지류를 횡단하는 교량으로서 두 지류 사이의 섬에 높이 88m, 하단의 간격 38.4m의 종방향 A형 강재주탑이 세워져 있으며 주탑을 중심으로 235m와 212m 지간이 좌·우측으로 구성된 총연장 485.6m, 폭 35.5m인 중앙일면 지지식의 강상판형 사장교이다.

· 이 주탑에서 좌·우 양측 상판의 중앙선으로 각 11줄의 사재 케이블을 배열하여 정착시킴으로서 주탑이 종방향으로 안전하게 보강되고 있다.

• 구조형식 : 비대칭 강사장교	• 가설공법 : 캔틸레버 공법
• 교량연장 : 235.0+38.4+212.0=485.6m	• 폭 : 35.5m
• 상부구조 : 강상판상형 (H=2.42~2.8m)	• 주탑구조 : 강구조 종방향 A형주탑 (H=88m)
• 위 치 : 독일, Neuwied	• 준공년도 : 1978년

7-2. Chandoline Bridge

- Chandoline교는 스위스 남서부 발레주의 주도인 시옹(Sion) 근처의 Rodano강을 횡단하는 교량으로서 주경간장이 140m이고 양쪽의 측경간이 72m인 총연장 284m의 중앙일면, 3경간 연속 프리스트레스트 크리트 사장교이다.
- 교량의 폭은 27m이며 형고는 2.5m로서 양쪽 캔틸레버부에 트러스 형식의 브라켓이 설치된 1－sell 상부형식으로서 소요 폭원을 유지하고 있으며 4단계로 나누어 시공되었다.
- 본 교량은 Sion 비행장과 인접하여 위치함에 따라 주탑의 높이에 제한을 받게 되었으며 이에 따라 30.3m 높이의 중앙일면 주탑으로 계획하게 되었다.
- 케이블 설치는 중앙경간측 9줄, 측경간측 2단의 9줄이 교면 중앙부에 정착되어 있고, 더불어 측경간측 최상단 2줄의 보조케이블이 교대의 양측면에 정착되어 있다.

• 구조형식 : 3경간 연속 PSC 사장교	• 가설공법 :
• 교량연장 : 72+140+72=284m	• 폭 : 27m
• 상부구조 : PSC Box Gr. (H=2.5m)	• 주탑구조 : RC구조 수직1주형주탑 (H=30.3m)
• 위 치 : 스위스, Sion	• 준공년도 : 1989년

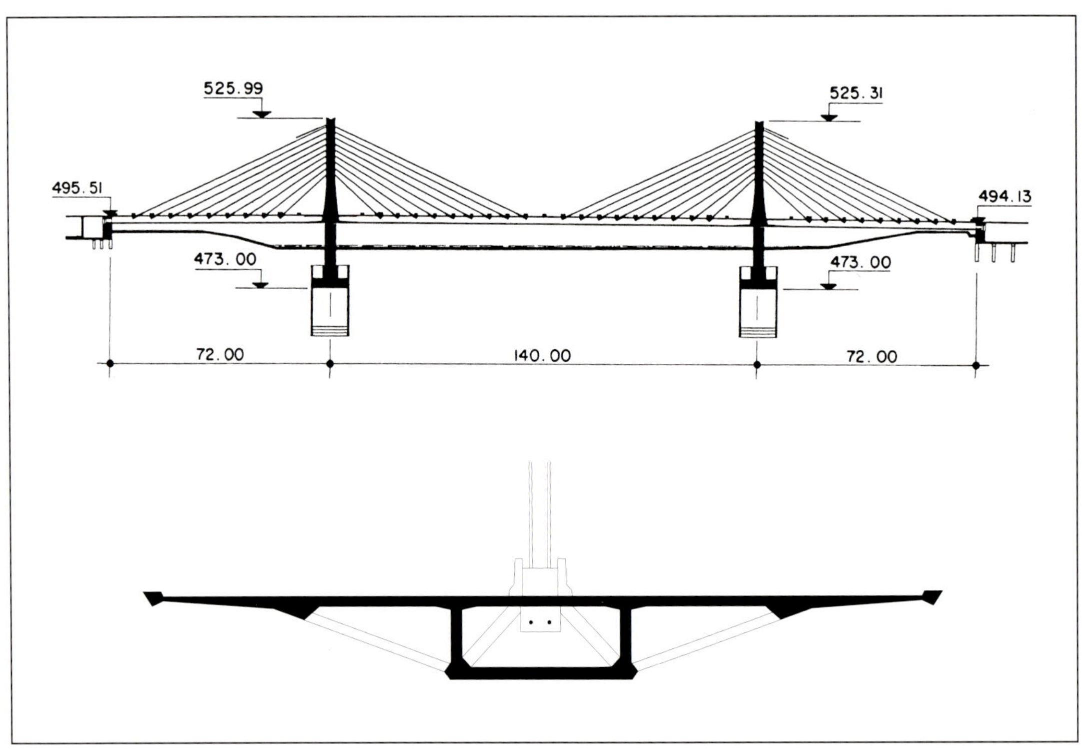
525.99
525.31
495.51
494.13
473.00
473.00
72.00
140.00
72.00

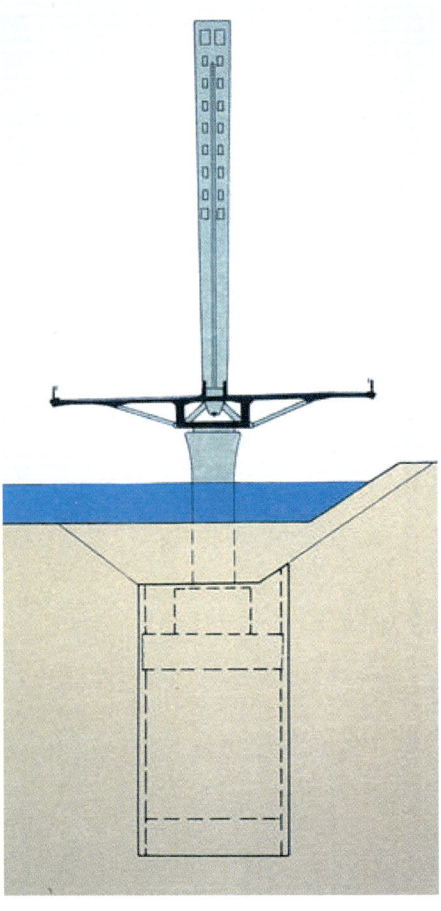

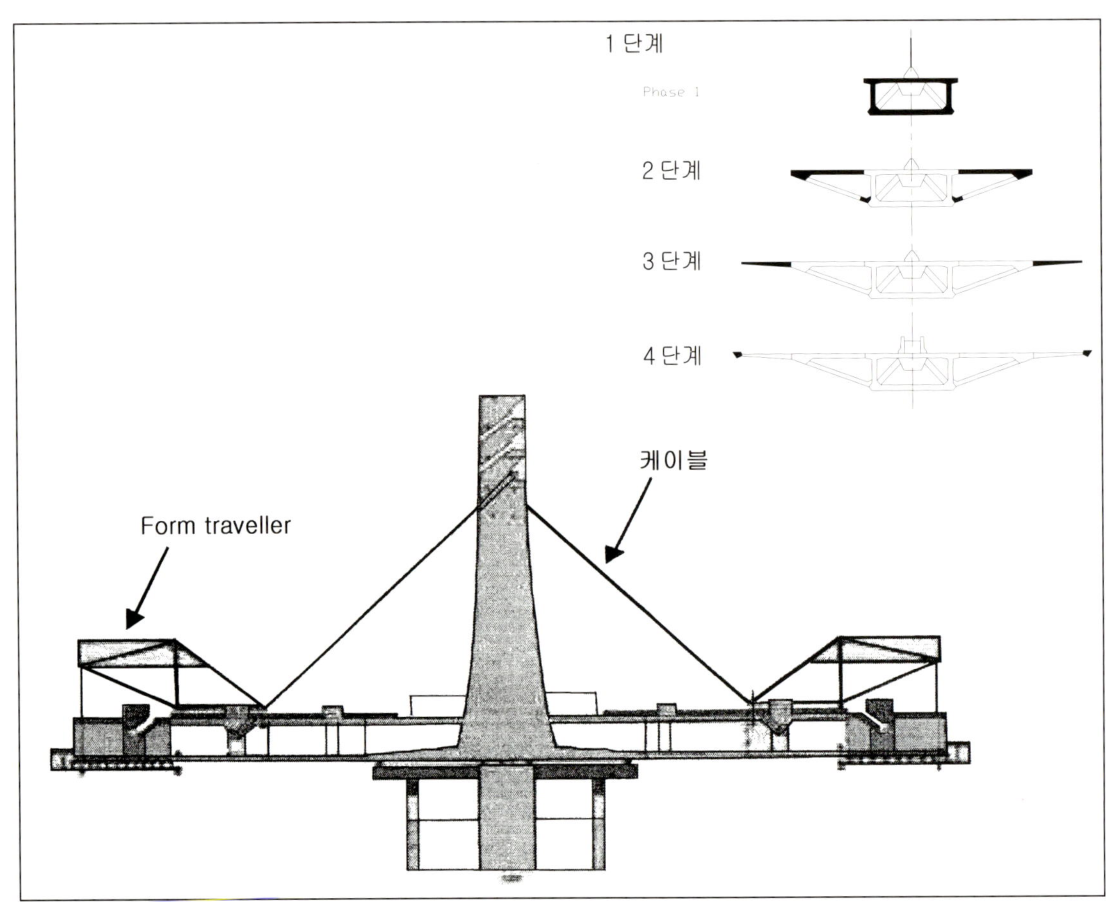
1 단계
Phase 1
2 단계
3 단계
4 단계
케이블
Form traveller

7-3. Grijalva Bridge

· 멕시코의 타바스코(Tabasco)주의 주도인 비야에르모사(Villahermosa)에 위치한 Grijava교는 비야에르모사에서 체루발간 고속도로상의 교량으로 그리할바강(Rio Grijalva)을 횡단하는 주경간장 116m, 양쪽 측경간장이 37m, 25m로 구성된 3경간연속 사장교이다. 본 사장교 구간과 접속하여 4경간(3@20+15.5=75.5m)의 교량 접속되어 교량의 총길이는 391m이다.

· 교폭은 14.35m로서 차로폭 3.65m인 2차도와 자전거도로 및 보도로 구성되어 있다. Tabasco 지역은 교량에 피해를 줄 수 있는 강진 위험지역 중의 한곳으로서 지진에 의하여 교축방향으로 작용하는 외력은 한 교각 위치에 설치된 두 개의 경사주탑 중 한 개의 주탑에 의해서 저항할 수 있도록 계획되었다. 따라서 교량을 지지하는 케이블은 한 개의 주탑에 의해 긴장된 후 구속시켰고 인접주탑에는 자유롭게 변위를 허용하도록 연결하였다. 교축의 직각방향으로는 한 교각 위치에서 두개의 경사주탑이 서로 구속되어 있다.

• 구조형식 : 3경간 연속 PSC 사장교	• 가설공법 : 캔틸레버 공법
• 교량연장 : 391.0m, 주경간장 : 116m	• 폭 : 14.35m
• 상부구조 : PSC Box Gr.	• 주탑구조 : V형 RC구조(H=40m)
• 위치 : 멕시코, Villahermosa	• 준공년도 : 2001년

7-4. Milenio Bridge

- Milenio교(새천년교 : Millennium Bridge)는 스페인의 갈리시아지방 오렌세(Orense)시의 미뇨(Mino)강을 횡단하는 교량으로서 4경간 연속의 프리스트레트 콘크리트 사장교이다.

- 경간 구성은 60m, 110m, 60m, 45m의 경간으로 교량 총길이는 275m이고 평면 곡선 반경이 320m이다.

- 본 교량의 특징은 주경간 110m 측으로 기울어진 2개의 중앙일면 주탑에 harp형으로 케이블이 배열되어 있고 주거더 바닥 하면 외부로 External Cable이 설치되어 있다.

- 또한 2개의 주탑 상단부와 주거더간에 곡선형으로 보도가 연결되어 관광객으로 하여금 주탑 상단부 높은 곳에서 주변 경관을 조망할 수 있도록 하여 시각적으로 즐거움을 주고 있다.

• 구조형식 : 4경간 연속 PSC 사장교	• 가설공법 :
• 교량연장 : 60+110+60+45=275m	• 폭 : 23m
• 상부구조 : PSC Box Gr.	• 주탑구조 : PSC구조 경사1주형주탑
• 위 치 : 스페인	• 준공년도 : 2001년

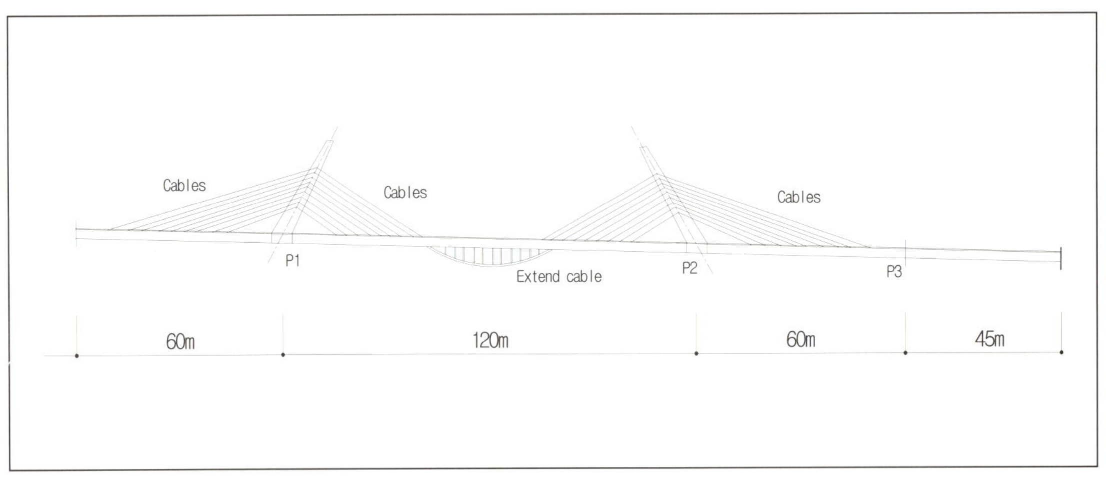
Cables
Cables
Cables
P1
Extend cable
P2
P3
60m
120m
60m
45m

7-5. Flughafen Bridge

· 본 Flughafen교는 독일의 뒤셀도르프(Dusseldorf)시 외곽을 순환하는 고속도로 상의 교량으로서 라인강을 횡단한다. 총연장 1289m의 본 교량은 역삼각형 모양의 강재 주탑과 3실의 박스거더로 구성되어 있으며, 라인강을 횡단하는 294m의 사장교 구간과 우측의 560m, 좌측의 435m의 접속교량으로 형성되어 있다. 사장교 구간의 상부구조는 강상판상형구조이며, 접속교는 프리스트레스트 콘크리트 구조이다.

· 본 교량은 Busseldorf 국제공항 인접함에 따른 착륙지역의 고도제한으로 주탑의 높이는 교면으로부터 높이가 34m로 제한되어 주탑의 형상을 역삼각형 모양으로 계획하게 되었다.

• 구조형식 : 대칭 강상형 사장교	• 가설공법 :
• 교량연장 : 1286.5m, 주경간장 : 287.5m	• 폭 : 38.5m
• 상부구조 : 강상판상형 (H=4.0m)	• 주탑구조 : 강구조 1주역삼각형주탑 (H=81m)
• 위 치 : 독일, Between Diseldorf	• 준공년도 : 2002년

7-6. Seri Saujana Bridge

· 말레이시아의 신 행정도시 Putrajaya 주변의 호수에는 9개의 새로운 여러 구조형식의 교량이 위치하고 있다. 그 중 한가지 인 본 교량은 [아치교]와 [사장교]의 혼합구조인 전혀 다른 2개의 구조를 하나로 조합시킨 상당히 독특한 구조의 교량이다.

· 본 교량 구조는 바스켓 핸들 형태의 아치와 고전적인 2개 주탑을 가진 사장교의 혼합구조이다. 주경간장은 300m이며 양측경사 주탑 높이는 73m이다.

· 교량의 폭은 32m이며, 교량 중심에 일면으로 배치한 케이블과 양측의 아치 행거에 의해 지지되어 있다.

· 교면으로부터 높이가 34m의 기울어져 배치된 2개의 직경 2.20m 압연강판 아치부재는 K자형 브레이스에 의해 고정되어 있다.

· 주 거더 단면은 곡선형의 PSC 다실 박스거더 구조이며 횡단면상 주거더의 중앙부에 사장교의 케이블을 설치되어 있고 양측 단부에는 아치교의 행거가 설치되어 있다. 교축방향 프리스트레스는 아치의 타이빔으로서 효과가 있으며 교축 직각방향 프리스트레스는 아치교와 사장교를 조합함으로 인한 특이한 하중상태로부터 발생하는 굽힘에 대해 효과가 있다.

• 구조형식 : 아치교와 사장교의 복합구조	• 가설공법 : 가벤트 공법
• 교량연장 : 300m	• 폭 : 32.0m
• 상부구조 : PSC Box Gr.	• 주탑구조 : RC구조 경사1주형주탑 (θ=12°, H=73m)
• 위치 : 말레이시아, Putrajaya	• 준공년도 : 2002년

· 주탑은 복합구조로서 상부는 철골구조, 하부는 철근콘크리트구조이며 12° 각도로 뒤편으로 기울어져 있다. 양방향으로 벌어진 20개(10개×2) Back Stay Cable에 의해 주탑의 위치가 유지되며 22개의 Fore Stay Cable이 주 거더를 지지하고 있다.

· 아치와 주탑을 지지하는 확대기초는 교대 1개소 당 직경 1.3m의 강관 말뚝 82본으로 지지되고 있으며 Back Stay Cable이 정착되어 있는 Back Stay 실(방)은 카운터웨이트 역할을 수행하며 수평력과 균형이 되도록 교대와 연결되어 있다.

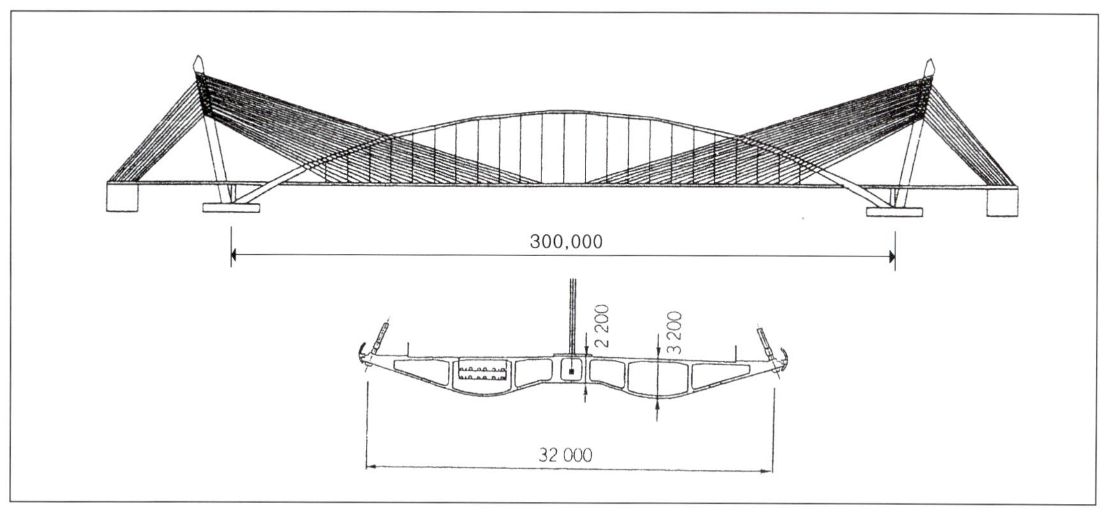

7-7. Rion-Antirion Bridge

· 본 교량은 그리스 발칸반도의 남부대륙과 그 남부 펠로폰네소스 반도로 형성되는 코릴도만의 입구인 다르다네지아 해협에 위치한다. 이곳은 수심이 매우 깊으며 취약한 지반이고 또한 지진이 빈번하게 발생하는 지역이다.

· 교량의 총폭은 27.2m로서 왕복4차로의 차도 및 양측 2m의 길어깨와 보도로 구성되어 있으며, 교량의 총길이는 2880m로서 남측 접속 고가교 377m와 중앙부 사장교 2252m (286m+3@560m+286m), 북측 접속 고가교 251m로 구성되어 있다.

· 5경간 연속 구조인 사장교 구간의 상부 형식은 형고 2.2m, I형 2주 거더와 두께 25cm의 프리스트레스트 철근콘크리트 상판을 조합시킨 강·콘크리트 합성구조로서 각 주탑부 교각상에 교량 받침을 설치하지 않은 프로팅 구조이다. 이러한 구조 형식은 대규모의 지진 발생시 구조적 안정성을 충분히 확보하는데 유리하다.

• 구조형식 : 5경간 연속 사장교	• 가설공법 : 캔틸레버 공법
• 교량연장 : 286+3@560+286=2252m	• 폭 : 27.2m
• 상부구조 : 강합성 I 거더교(H=2.82m)	• 주탑구조 : 수직 A형주탑
• 위 치 : 그리이스, Rion - Antirron	• 준공년도 : 2004년

· 주탑의 형상은 푸팅 위에서 철근콘크리트 중공 원형 단면, 팔각 단면, 직사각형 단면으로 변화 설치 된 대형 기둥 위에 4개의 프리스트레스트 콘크리트 기둥으로 형성되어 있으며 상단의 사재 케이블 정착부는 강·콘크리트 복합구조(SRC)로 되어 있다.

· 기초 형식은 강관 말뚝 기초로서 해저에 직경 2m, 두께 20mm, 길이 20~30m의 강관을 7m 이내의 간격을 설치하고 그 위에 자갈을 부설하는 방법의 기초 공법으로 직경 90m의 중공 원반 형상의 철근콘크리트 푸팅 저면과 말뚝이 결합되어 있지 않다.

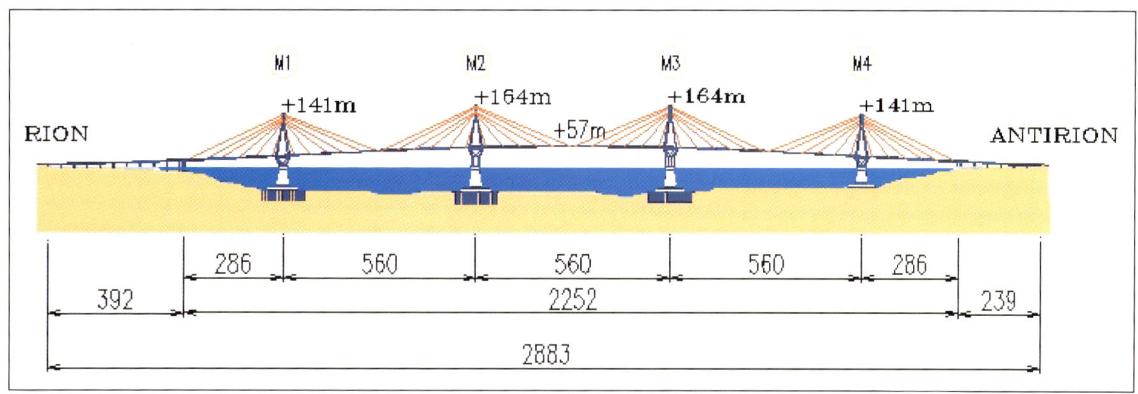

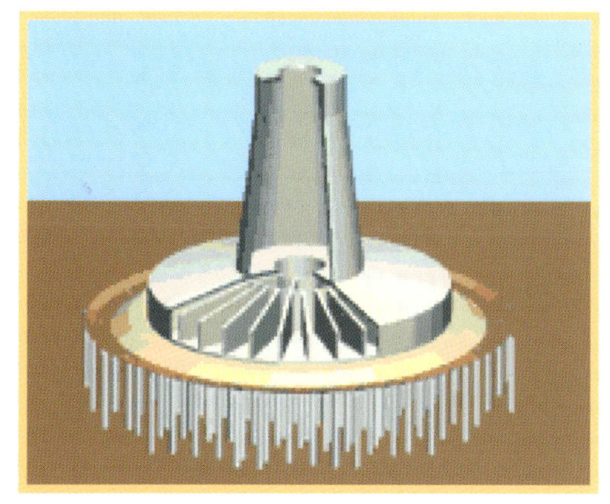

7-8. Millau Bridge

· Millau 고가교는 프랑스 남부 아베롱주에 있는 미요(Millau) 지역의 넓고 깊은 타른(Tarn) 계곡을 횡단하는 교량으로서 프랑스에서 가장 높은 교량이다.

· 7개 주탑으로 지지되는 경간장 342m의 8경간 사장교로서 교량길이는 2,460m이고, 폭원 32.05m, 높이 90m 강주탑에 11쌍의 케이블이 Harp-Fan 형태로 중앙에 일면으로 배치되어 있다.

· 깊은 Tarn 계곡에 위치하는 가장 높은 두 개의 콘크리트 교각 높이는 약 235m이고, 상부 거더에서 90m 높이의 강주탑을 포함한 교각 높이는 에펠탑보다 높은 교량이다.

· Millau 고가교의 가설은 교량 시·종점부 양측에서 거더 조립과 거더 위의 주탑 부분과 케이블을 가설한 후, 중앙부로 압출(가교각 설치)하여 고가교의 중앙에서 접합시키는 압출공법으로 가설되었다.

• 구조형식 : 8경간 사장교	• 가설공법 : 양측 압출공법 (가교각 설치)
• 교량연장 : 2,460m (204+6@342+204)	• 폭 : 32.05m (양측 wind screen 포함)
• 상부구조 : 강상판 (사다리꼴 형상, H=4.2m)	• 주탑구조 : 강·RC복합구조, 1면주탑 (H=90m)
• 위 치 : 프랑스, Millau	• 준공년도 : 2005년

7-9. New Mississippi River Bridge

- New Mississippi River교는 미국의 일리노이주와 미쥬지주를 연결하는 사장교로서 2010년 완공을 목표로 현재 공사중에 있으며 완공과 동시에 규모 및 형식면에서 새로운 기록을 세울 것이다. 또한 미시시피강을 횡단하는 다른 교량들의 교통을 원활하게 하는데 도움이 될 것이다.
- 본 교량은 총8차로로서 장래 4차로를 추가 할 수 있도록 여유를 가진 68m의 폭으로서 세계에서 가장 넓은 폭을 가진 사장교가 될 것이다.
- 3경간 연속교로서 총길이는 961m이고 주경간장은 610m이며 주탑의 총높이는 155m로서 교면으로부터는 133m 높이로 측경간측으로 9° 각도로 경사지게 솟아있다.
- 주경간측의 사재 케이블은 주거더의 양측과 중앙에 설치된 3면 케이블로서 본 형식은 세계 최초이다.

• 구조형식 : 3경간 연속 사장교	• 가설공법 : 캔틸레버 공법
• 교량연장 : 175.5+610+175.5=961m	• 폭 : 67.67m
• 상부구조 :	• 주탑구조 : 중앙일면 경사주탑 (H=155m)
• 위치 : 미국, Saint Louis	• 준공예정년도 : 2010년

[부록] 교량별 관련 회사

회 사 명	Website	교 량 명
Dainichi Consultant Co. Ltd (일본)	www.dainichi-consul.com	1-6 Ukai Br.
Carlos Fernandez Casado, S.L (스페인)	www.cfcsl.com	1-4 Lerez river Br. 1-3 Sancho El Mayor Br. 7-3 Grijalva Br.
Ponting Inzenirski biro d.o.o (세르비아)	www.ponting.si	1-8 Millennium Br.
Bureau Greisch (벨기에)	www.greisch.com	1-7 Rainha Santa Isabel Br. 2-2 Liege Br. 2-5 Vietor Bodson Br.
Santiago Calatrava SA (스위스)	www.calatrava.com	1-12 Alamillo Br. 1-14 Sundial 보도교 1-13 Puerto Madero 보도교
International Bridge Technologies (미국)		1-9 La Unidad Br.
Pedelta structural Engineers (스페인)	www.pedelta.es	1-11 Peldar Br.
Holland Railconsult (네덜란드)	www.hr.nl	1-1 Prince Claus Br.
PJS International Sdn. Bhd (말레이지아)	www.pjsiconsultant.com	1-2 Seri Wawasan Br. 7-6 Seri Saujana Br.
A-Insinoorit Oy (필란드)	www.a-insinoorit.fi	2-3 Lipon Br.
Scetauroute	www.scetauroute.com	2-4 Isere Br.
GemeentwerKen Rotterdam (네덜란드)	www.gw.rotterdam.nl	3-4 Erasmus Br.
Arenas & Asociados Ingenieria de Diseno (스페인)	www.arenasing.com	2-6 Lutxana swing Br. 5-1 Hispanoamerica Br.
Mestra Engineering (필란드)	www.mestra.com	2-1 Kemijoki Br.
Cleveland Bridge & Engineering Co. Ltd (영국)	www.clevelandbridge.com	3-1 Batman Br.
Doprastav a. s. (슬로바키아)	www.doprastav.sk	3-2 Bratislava Br.
Beheersmaatschappij Hegeman Nijverdal BV (네덜란드)	www.hegeman.com	3-7 Eilandbrug Br. 6-4 Twistvlie Br.
Hutni montaze Ostrava (체코)	www.hunti-montaze.cz	3-6 Marinsky Br.
Yokoga Bridge Corp. (일본)	www.yokogawa-bridge.co.jp	3-5 Sunmarine Br.
Kaihatsu Consultant Co. Ltd (일본)	www.KcKK.co.jp	1-5 Hachnohe port Br.
Satokogyo Co. Ltd (일본)	www.satokogyo.co.jp	1-10 Himinoe Br.
Bonnard & Gardel (스위스)	www.bg-21.com	3-3 Saint-Maurice Br.

회 사 명	Website	교 량 명
Roughan & O´Donovan (아일랜드)	www.roughanodonovan.com	4-5 Boyne Br. 4-6 Taney Br.
Sumitomo Mitsui Construction Co. Ltd (일본)	www.smcon.co.jp	4-7 Ayunose Br.
Apia XXI (스페인)	www.apiaxxi.es	4-2 Paterna Techonology Park Br.
Jean Muller International (프랑스)	www.jmi.groupegis.com	4-3 Aire du Jula Br.
Epsilon Byggkonsult AB (스웨덴)	www.epsilon-byggkonsult.se	4-4 Rama Ⅷ Br.
Gifford and Partners (영국)	www.gifford-consulting.co.uk	4-10 Jackfield Br.
Walter Bau AG (독일)	www.walter-bau.de	4-8 Dubrovnik Br.
Grontimij Consulting Engineers (네덜란드)	www.grontmij.nl	5-2 Mastenbroek Br.
HNTB (미국)	www.hntb.com	5-4 Sixth street Br.
Tonello Ingenieurs Conseils (프랑스)		5-5 Gilly Br. 5-6 Oxford Br.
Wust Rellstab Schmid AG (스위스)	www.wrs-ing.ch	5-7 Schaffhausen N4 Rhine Br.
Himenogumi.co.Ltd (일본)	www.himenogumi.co.jp	6 3 Iwazu Br.
Outec Engenharia (브라질)	www.outec.com.br	6-5 Mario Covas Viaduct
Leonhardt, Andra und Partner (독일)	www.lap-consult.com	6-6 Blautal Br.
Gutehoffnungshutte Baugesellschaft mbH (독일)	www.ghhbau.de	6-1 Knie Br.
service d´Etudes Technigues des Routes et Autoroutes (프랑스)	www.setra.fr	6-7 Puget-Theniers Br.
Stahlton AG (스위스)	www.stahlton.ch	7-2 Chandoline Br.
Ingenieurburo Grassl GmbH Beratende Ingenieure Bauwesen (독일)	www.grassl-ing.de	7-5 Flughafen Br.
BUNG Ingenieure AG (독일)	www.bung-ag.de	7-1 Neuwied Br.
Acfivyidades de construction servicios S.A. (스페인)	www.grupoacs.com	7-4 Milenio Br.
Modjeski & Masters (미국)	www.modjeski.com	7-9 New Mississippi River Br.
Ingerop (프랑스)	www.ingerop.com	7-7 Rion-Antirion Br.
EEG simecsol (프랑스)	www.eeg-simecsol.com	7-8 millau Br.

편집자 소개

박 찬 범

- 도로 및 공항기술사
- 대전공업대
- 한양대 대학원
- 건설교통부 감사담당관
- 전문건설공제조합 기술교육원장
- 현 (주)동성엔지니어링 부회장

이 완 재

- 공학박사
- 한양대
- 미국 콜로라도주립대 대학원
- GS건설
- 천일기술단
- 현 (주)동성엔지니어링 기술연구소장

김 동 용

- 토목구조기술사
- 명지대
- 서울산업대 대학원
- 삼우기술단
- 삼보기술단
- 현 (주)동성엔지니어링 전무이사

김 영 종

- 토목구조기술사
- 고려대
- 고려대 대학원
- 대우엔지니어링
- 한국건설관리공사
- 현 (주)동성엔지니어링 전무이사

손 석 호

- 토목구조기술사
- 서울시립대
- 서울시립대 대학원
- 태영건설
- 도우엔지니어즈
- 현 (주)동성엔지니어링 상무이사

이 상 우

- 토목구조기술사
- 인하대
- 인하대 대학원
- 삼우기술단
- 삼보기술단
- 현 (주)동성엔지니어링 이사

이 상 균

- 기술사(일본)
- 나가오카기술과학대
- 나가오카기술과학대 대학원
- 야치요엔지니어링
- 현 (주)동성엔지니어링 이사

김 해 진

- 건설사업관리전문가
- 영남대
- 삼우기술단
- 청석엔지니어링
- 현 (주)동성엔지니어링 이사

아름다운 사장교

인 쇄 2006년 6월 5일
발 행 2006년 6월 15일

발행처 (주)동성엔지니어링
서울특별시 송파구 석촌동 15-2
http://www.dongsungeng.co.kr

편 저 (주) 동성엔지니어링 기술연구소

인 쇄 이엔지 · 북
주 소 서울시 용산구 원효로 1가 51-18
전 화 (02) 711-1595
팩 스 (02) 711-1596
등 록 제302-2005-00006호

정가 ***60,000*** 원

ISBN 89-91723-28-4